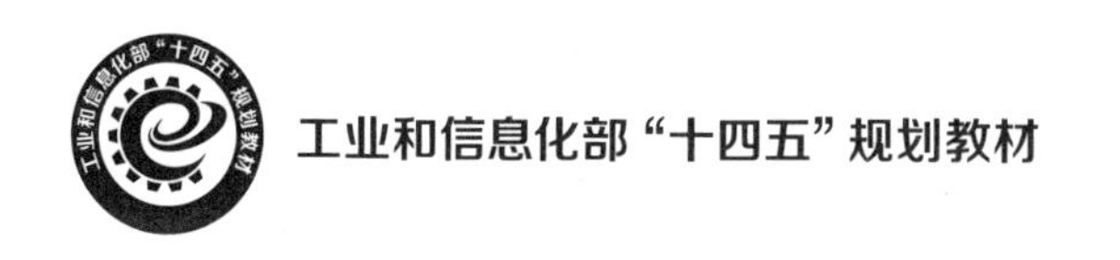

工业和信息化部“十四五”规划教材

名校名师精品系列教材

Webpage Design Task-based Fundamentals Tutorial

网页制作基础任务教程（HTML5+CSS3）

慕课版

殷兆燕 唐小燕 | 主编
郭明 叶品菊 | 副主编

人民邮电出版社
北京

图书在版编目（CIP）数据

网页制作基础任务教程 ： HTML5+CSS3 ： 慕课版 / 殷兆燕，唐小燕主编. -- 北京 ： 人民邮电出版社，2022.8（2023.12重印）
名校名师精品系列教材
ISBN 978-7-115-58634-6

Ⅰ. ①网… Ⅱ. ①殷… ②唐… Ⅲ. ①网页制作工具—教材 Ⅳ. ①TP393.092.2

中国版本图书馆CIP数据核字(2022)第018081号

内 容 提 要

本教材内容分为三大部分。第 1 部分为第 1～3 单元，主要介绍 HTML5 基础、HTML5 基本标签、元素分类与语义化标签。通过这部分内容的学习，读者能够掌握如何使用 HTML5 标签搭建网页结构。第 2 部分为第 4～6 单元，主要内容包括 CSS3 概述与基本语法、CSS3 基本样式设计、CSS3 定位与布局。通过这部分内容的学习，读者能够掌握如何使用 CSS3 控制网页的显示效果。第 3 部分为第 7、8 单元，通过项目实践介绍如何开发一个完整网站。

本教材适合没有网页制作基础的初学者，可作为高职院校相关专业的教材，也可作为计算机技术爱好者的自学参考书。

◆ 主　　编　殷兆燕　唐小燕
副 主 编　郭　明　叶品菊
责任编辑　刘　佳
责任印制　焦志炜

◆ 人民邮电出版社出版发行　　北京市丰台区成寿寺路 11 号
邮编　100164　　电子邮件　315@ptpress.com.cn
网址　https://www.ptpress.com.cn
北京市艺辉印刷有限公司印刷

◆ 开本：787×1092　1/16
印张：13.5　　2022 年 8 月第 1 版
字数：334 千字　　2023 年12月北京第 7 次印刷

定价：49.80 元

读者服务热线：(010)81055256　印装质量热线：(010)81055316
反盗版热线：(010)81055315
广告经营许可证：京东市监广登字 20170147 号

前 言 PREFACE

本书全面贯彻党的二十大精神，以社会主义核心价值观为引领，传承中华优秀传统文化，坚定文化自信，使内容更好体现时代性、把握规律性、富于创造性。

HTML5 与 CSS3 虽然仍处于发展阶段，但是作为当下流行的 Web 技术标准及 Web 前端开发的核心和基础，已经在互联网中得到非常广泛的应用，成为每个网页制作者必须掌握的基本知识。

为了使读者能掌握网页开发新技术，满足相应岗位的需求，本教材选用当下主流开发工具 HBuilderX 和 Web 技术标准 HTML5、CSS3 设计与制作网页，以一个 PC 端的小型企业门户网站开发应用案例贯穿前 6 个单元，重点讲解基础的、常见的 HTML5 标签和 CSS3 样式应用。教材最后两个单元以实战开发案例的形式展开，结合前面介绍的基础知识，讲解一个传统文化网站的实现过程，帮助读者更好地厘清开发一个 PC 端网站的流程和所需的技术。

本教材采取“任务描述—前导知识—任务实现—单元小结—思考练习”的结构组织内容，并将知识点完全融入其中，使读者可以边学习、边实践、边思考、边总结、边建构，增强处理同类问题的能力，积累开发经验，养成良好的编程习惯。“任务描述”至“任务实现”部分是对各单元重点内容的清晰讲解，其中，“前导知识”部分对任务所涉及的知识点进行了说明、归纳与总结；“单元小结”和“思考练习”可以让读者巩固所学的知识与技能，对自己的学习成果予以评价，并为后续学习做好必要的准备。

本教材在介绍知识点的同时，通过“小贴士”的形式有机地融入职业规范、文化素养等元素，从而让学生在学习过程中提升自身文化素养和道德修养。

本教材内容组织合理，通俗易懂，面向 Web 前端开发、网页设计等岗位，可作为高职院校软件技术、网络技术、通信技术、计算机应用技术等相关专业的教材，也可以作为零基础 Web 应用程序开发爱好者的自学参考书。

本教材提供 PPT 教学课件、案例素材、结果文件、思考练习的答案和配套在线课程等教学资源。读者可到人邮教育社区（www.ryjiaoyu.com）下载相应的教学资源。

本书由殷兆燕、唐小燕任主编，郭明、叶品菊任副主编。由于编者水平有限，书中难免存在不足之处，欢迎广大读者批评指正。如果读者在阅读本教材时遇到问题，有任何意见或建议，可以发送电子邮件至 yinzhaoyan@ccit.js.cn 与我们联系。

编　者

2023 年 6 月

目录 CONTENTS

单元 1 HTML5 基础

在学习网页制作之前，读者需要先了解网页制作的基础知识，这样可以帮助读者理清思路，更好地进行后续内容的学习。本单元将对网页的相关概念、开发工具、HTML5 文档的基本结构和 HTML5 标签的语法进行介绍，通过制作一个简单的网页，帮助读者掌握使用 HBuilderX 编辑网页的基本操作，理解 HTML5 文档的基本结构和 HTML5 标签的语法。

学习目标

★ 了解网页的相关概念。
★ 了解开发工具 HBuilderX 的基本操作。
★ 掌握 HTML5 文档的基本结构。
★ 掌握 HTML5 标签的语法。

任务 制作一个简单的网页

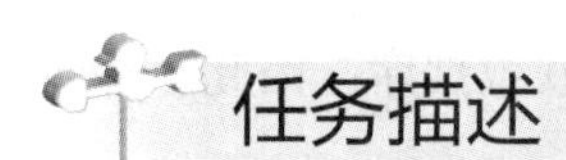

任务描述

在 D 盘中创建一个名为 myweb 的基本 Web 项目，在该项目中新建一个文件夹，命名为 page，并在该文件夹中创建一个空白网页文件，命名为 page1.html。编辑该网页，设置标题为“第一个网页”，网页内容为“欢迎访问第一个网页”。对标题代码添加注释“这是网页标题”。最后浏览该网页的效果。

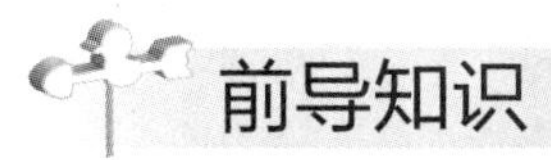

前导知识

扫码观看视频

1.1 网页的相关概念

对于网页制作初学者来说，在学习网页制作之前，有必要先了解一下网页相关的概念，如网站、网页与主页、静态网页与动态网页、Web 技术、网站开发的流程、HTML5 等。

1.1.1 网站、网页与主页

网站是指根据一定的规则，使用通用标记语言等工具制作的用于展示特定内容的相关网页的集合。简单地说，多个网页集合到一起就形成了一个网站。人们可以通过网站来发布自己想要公开的信息或者利用网站来提供相关的网络服务。

根据网站文件存放的位置，网站可以分为远程站点和本地站点两类。远程站点存储于 Internet 服务器上，本地站点存放在本地计算机的硬盘上。人们可以通过浏览器来访问网站，获取自己需要的信息。

网页是构成网站的基本元素。通俗地说，网页组成了网站。那么网页又是由什么组成的呢？文字与图片是构成网页的最基本的元素。除此之外，网页中的元素还包括超链接、动画、音频和视频等。

主页是一个网站的入口网页，即用户访问网站时所看到的首个页面，因此主页也称为首页。大多数首页的文件名是 index 或 default 加上扩展名，例如，一个静态首页一般命名为 index.html。

1.1.2 静态网页与动态网页

网页有静态网页和动态网页之分。

静态网页是标准的 HTML 文件，不包含在服务器端运行的程序，在浏览器中就可以运行。无论用户在何时何地访问静态网页，它们都显示固定的信息，一般用来存放无须用户参与的更新较少的信息。静态网页也不是完全静态的，它们也可以包含各种动态的效果，如 GIF 格式的动画、Flash 动画、滚动字幕等。

动态网页是跟静态网页相对的一种网页，其显示内容可以随着时间、环境或者用户的操作而发生改变。例如邮箱登录网页，若用张三的用户名和密码登录，则网页返回的是张三的邮件信息；若用李四的用户名和密码登录，则返回的是李四的邮件信息。这是动态网页和服务器数据库进行实时数据交换的结果。判断一个网页是否是动态网页，不是看其是否有动态的视觉效果，而是看其是否以数据库技术为基础，是否采用了动态网页技术，是否需要服务器和客户端共同参与运行。

动态网页的实现需要在静态网页的基础上通过动态网页技术关联数据库，因此静态网页是动态网页的基础。本教材讲解的案例均属于静态网页案例。

1.1.3 Web 技术简介

Web 开发技术可以分为前端技术和后端技术两大类。

前端就是靠近用户的一端，前端技术是基于浏览器的技术，前端代码是由浏览器来解释执行的。前端技术也叫客户端技术或静态网页技术。对前端设计来说，其核心技术包括 HTML、CSS 和 JavaScript。

1. 什么是 HTML?

HTML 的全称是 Hyper Text Markup Language，中文叫作“超文本标记语言”。超文本标记语言标签通常被称为 HTML 标签，HTML 标签是 HTML 中最基本的单位，由尖括号和其包围的关键词组成，如图 1-1 所示。网页主要通过 HTML 标签对其中的文本、图片、超链接等内容进行描述。

2. 什么是 CSS?

CSS 的全称为 Cascading Style Sheets，中文叫作“层叠样式表”。CSS 由有一定意义和作用的英文单词、符号和数值组成，如图 1-2 所示。在制作网页时采用 CSS 技术，可以有效地对页面的布局、字体、颜色、背景和其他效果实现更加精确的控制。

```
index.html
1  <!DOCTYPE html>
2  <html>
3      <head>
4          <meta charset="utf-8" />
5          <title></title>
6          <link rel="stylesheet" type="text/css" href="css/style.css" />
7          <link rel="stylesheet" type="text/css" href="css/index.css"/>
8      </head>
9      <body>
10         <!--网页头部开始  -->
11         <header>
12             <div class="top">
13                 <div class="box">
14                     <div class="welcome">欢迎访问传统文化网! </div>
15                     <div class="topnav">
16                         <ul>
17                             <li><a href="#">手机版</a></li>
18                             <li><a href="#">收藏本站</a></li>
19                         </ul>
20                     </div>
21                 </div>
22             </div>
```

图 1-1 HTML 代码

```
style.css
1  /* 通用样式 */
2  * {padding: 0;margin: 0;}
3  body {font-size: 14px;font-family: "微软雅黑";background: #f6f6f6;}
4  ul {list-style: none;}
5  a {text-decoration: none;color: #000000;}
6  a:hover {color: #B40404;}
```

图 1-2 CSS 代码

3. 什么是 JavaScript?

JavaScript 是目前比较流行的脚本语言，常用来为网页添加各式各样的动态功能，为用户提供更流畅的浏览效果、更美观的页面。它不需要进行编译，而是直接嵌入 HTML 页面由浏览器执行。例如，图 1-3 所示方框内的代码就是一段嵌入 HTML 页面中的 JavaScript 代码。

```
<script type="text/javascript">
function disptime( )
{
 var time = new Date( ); //获得当前时间
 var hour = time.getHours( );  //获得小时、分钟、秒
 var minute = time.getMinutes( );
 var second = time.getSeconds( );
 if (minute < 10) //如果分钟只有1位，补0显示
   minute="0"+minute;
 if (second < 10) //如果秒数只有1位，补0显示
   second="0"+second;
 document.getElementById("time").value =hour+":"+minute+":"+second;
 var myTime = setTimeout("disptime()",1000);
}
</script>
</head>
<body onload="disptime()">
```

图 1-3 嵌入 HTML 页面中的 JavaScript 代码

HTML 代码、CSS 代码和 JavaScript 代码共同构建了网页的显示效果。HTML 代码定义网页的结构，CSS 代码描述网页的外观，JavaScript 代码定义网页的行为。例如，网站上常见的焦点轮播图使用 HTML 代码搭建的网页结构如图 1-4 所示，其运行效果如图 1-5 所示。

```
<!doctype html>
<html>
    <head>
        <meta charset="utf-8">
        <title>焦点图</title>
    </head>
    <body>
        <div class="banner">
            <ul class="pic">
                <li><img src="img/春节.jpg"></li>
                <li><img src="img/腊八节.jpg"></li>
                <li><img src="img/清明节.jpg"></li>
            </ul>
            <ul class="tit">
                <li>春节</li>
                <li>腊八节</li>
                <li>清明节</li>
            </ul>
            <ul class="bt">
                <li class="current"></li>
                <li></li>
                <li></li>
            </ul>
        </div>
    </body>
</html>
```

图 1-4　焦点轮播图的 HTML 结构

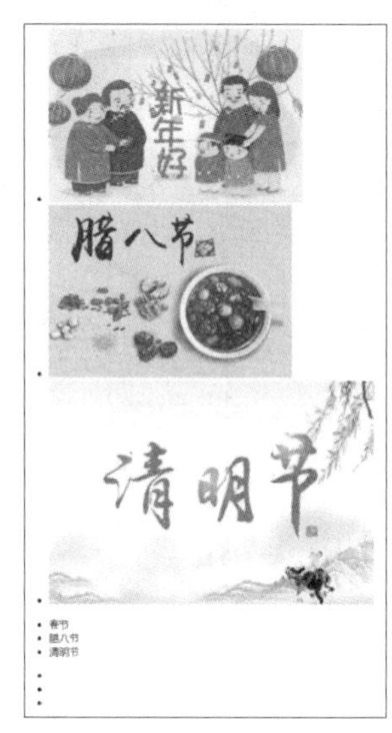

图 1-5　未加 CSS 样式的焦点轮播图

为该网页添加 CSS 样式后，其运行效果如图 1-6 所示。此时的焦点轮播图是静态的，不能轮流切换显示。

图 1-6　添加了 CSS 样式的静态焦点轮播图

最后，在添加 JavaScript 脚本后，就可以动态切换这些图片了。

使用前端技术开发的网页是静态网页，只能供用户浏览而不能与服务器进行交互。如果要开发一个用户体验良好、功能强大的网站，就必须使用后端技术。后端指的是运行在后台并且控制着前端内容的一端，它主要负责程序设计架构思想、管理数据库等。后端更多的是应用数据库与前端进行交互以处理相应的业务。它需要考虑的是功能实现、数据存取以及平台的稳定性与性能等方面。后端技术也叫服务器端技术或动态网页技术，后端代码是由服务器来解释执行的。主流的后端技术有 PHP、Java、Python 等。

Web 技术还有很多，例如 jQuery、Vue.js、Node.js 等。本教材介绍前端技术中的 HTML 和 CSS，其他知识由后续课程讲解。

1.1.4　网站开发的流程

网站开发是一个系统工程，虽然没有固定的模式，但基本按照图 1-7 所示的工作流程来完成。

第 1 步：进行需求分析、网站策划。当拿到一个网站项目时，必须先进行需求分析。分析客户想要做一个什么类型的网站，分析网站的功能、网站的风格、网站的栏目分类及费用预算等。

第 2 步：收集资料、规划网站草图。根据客户需求，进行相关网站的调查分析，收集并整理网站图片资料，画出网站的内容模块草图，简称网站草图。

第 3 步：美工设计、客户定稿。根据网站草图，由美工制作出网页效果图。就跟建房子一样，要先画出效果图，然后才开始建房子，建网站也是如此。美工一般使用 Photoshop 等设计软件绘制网页效果图。网页效果图需要交给客户审核，美工根据客户的反馈信息进行调整后，再交客户审核，直至客户确认，完成设计。

第 4 步：前端页面制作与后端程序设计。根据页面结构和设计，网站的前端和后端开发可以同时进行。前端程序员根据网页效果图使用前端技术制作静态页面。后端程序员根据网站结构和功能，设计数据库并开发网站后台。

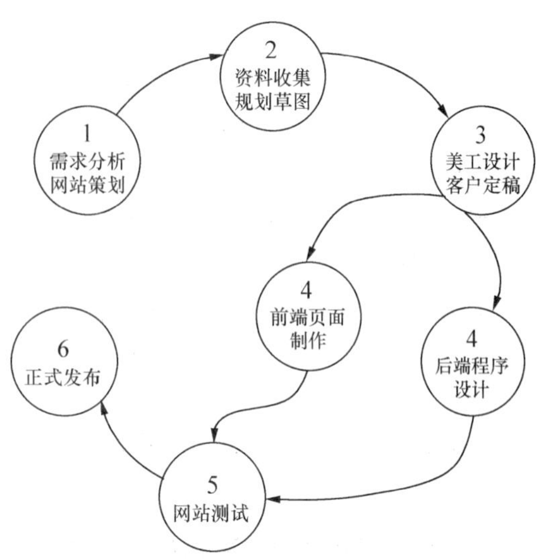

图 1-7　网站开发的基本流程

第 5 步：网站测试。完成网站开发后，需要在本地搭建服务器测试网站的各种链接与功能。如果发现问题，则需要及时予以解决。

第 6 步：正式发布。网站测试完成后，可以将网站上传至网站空间或者服务器。最后进行网站备案、网站备份、后期维护等。

1.1.5　HTML5 简介

HTML5 是当下最新的 HTML 标准，是构建网页内容的一种语言描述方式。HTML 出现已久，从 1993 年首次发布 HTML1.0 工作草案，到 2008 年发布 HTML5 工作草案，中间经历了多次版本升级。在升级过程中，新增加了许多 HTML 标签，同时也淘汰了一些标签。2014 年 10 月万维网联盟（World Wide Web Consortium，W3C）宣布 HTML5 正式定稿，从此进入了 HTML5 网页开发的新时代。HTML5 本质上并不是什么新的技术，它仅是一套新的 HTML 标准，是对 HTML 的继承与发展。HTML5 是一个向下兼容的版本，与之前的版本相比，只是在功能特性上有了极大的丰富，其主要目标是将互联网语义化，使它更好地被机器和程序员理解，同时更好地支持各种媒体的嵌入。

1.2　网页的编辑与运行

扫码观看视频

1.2.1　前端开发工具

前端开发只需要一个可以编辑 HTML 文件的编辑器和一个可执行 HTML 文件的浏览器就可以完成。把编辑后的文件以.html 或.htm 为扩展名进行保存，使用浏览器就可以直接执行运行效果。例如使用记事本就可以编辑网页，但需要程序员将所有的代码逐字输入。这很容易出现错误，而且保存文件时，要把文件扩展名修改为.html，非常麻烦。因此，程序员一般会选择使用有代码高亮提示和语法提示等便捷功能的前端开发工具。这些工具有强大的代码助手，可以避免代码烦琐杂乱，从而帮助程序员更高效地完成前端开发。

目前高效的前端开发工具非常多，例如 Dreamweaver、HBuilder、Sublime Text、Visual Studio Code 等。这些工具各有各的优势，但基本功能都差不多。只要学会了其中一种工具，就很容易学会其他工具。

对于初学者，推荐使用 HBuilder，因为 HBuilder 是免费软件，下载方便、无须安装、上手简单。HBuilder 是 DCloud（数字天堂）推出的一款支持 HTML5 的 Web 开发工具。HBuilder 的编写用到 Java、C 语言、Web 编程语言和 Ruby。Hbuilder 的主体由 Java 编写，它基于 Eclipse，所以顺其自然地兼容了 Eclipse 的插件。HBuilder 的最大优势是快捷，它通过完整的语法提示和代码输入法、代码块等，可大幅提升网页的开发效率。

HBuilder 的下载方法是，进入官网界面后，单击“HBuilderX 极客开发工具”图标，然后单击“DOWNLOAD”按钮进入下载界面。目前提供下载的是新一代产品 HBuilderX。下载的时候，根据自己的计算机系统选择合适的版本。HBuilder 下载好后，解压安装包并运行 HBuilderX.exe 文件，软件就可以运行使用了。如果需要下载旧版 HBuilder，可以在版本选择对话框底部选择“历史版本”链接。

1.2.2 使用 HBuilderX 新建 HTML 页面

网页一般不是独立存在的，一个网站中会有多个网页。为了方便管理这些网页，新建网页前需要创建一个项目。网站中所有的文件，包括网页、图片、样式表等都存放在该项目中。

（1）新建 Web 项目。打开 HBuilderX，在 HBuilderX 的上方菜单栏中，单击“文件”→“新建”（或者按 Ctrl+N 组合键）→“项目”，此时会弹出“新建项目”对话框，如图 1-8 所示。在对话框中设置“项目名称”（例如设置为 project1），单击“浏览”设置项目存放的路径（例如选择 D 盘），在“选择模板”中选择“基本 HTML 项目”，单击“创建”按钮。此时，在选择的路径中即创建了一个按刚刚设置的项目名称命名的文件夹 project1，并在该文件夹中自动创建了 css、img、js 文件夹和 index.html 文件。这就建立了一个完整的静态网站所必需的文件结构。在 HBuilderX 左侧的项目管理器中，单击 project1 文件夹，可以看到该项目中的所有文件，如图 1-9 所示。css 文件夹用于存放网站中的样式文件，样式文件的扩展名为.css；img 文件夹用于存放网站中的图片文件，图片文件常用的扩展名有.jpg、.png 等；js 文件夹用于存放网站中的 JavaScript 脚本文件，脚本文件的扩展名为.js；index.html 文件为网站的首页文件。

图 1-8 新建项目设置

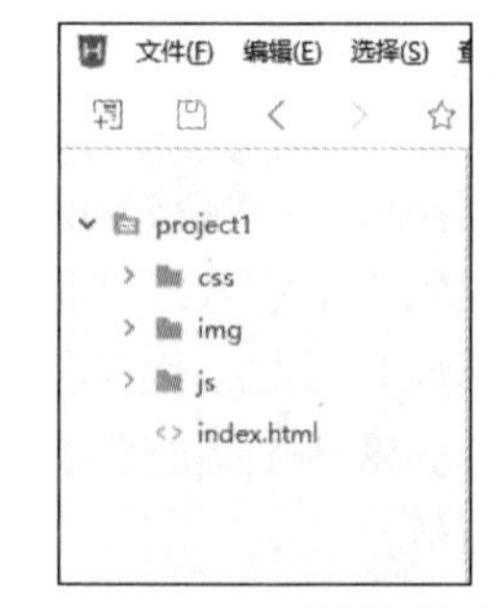

图 1-9 project1 项目下的文件

（2）新建 HTML 文件。在 HBuilderX 左侧项目管理器中的 project1 文件夹上单击鼠标右键，在弹出的快捷菜单中选择“新建”→“html 文件”，如图 1-10 所示。此时会弹出“新建 html 文件”对话框，在对话框中给 HTML 文件命名。文件的默认存放路径是项目文件夹，如果需要修改，可以单击“浏览”进行设置。最后单击“创建”按钮，如图 1-11 所示。

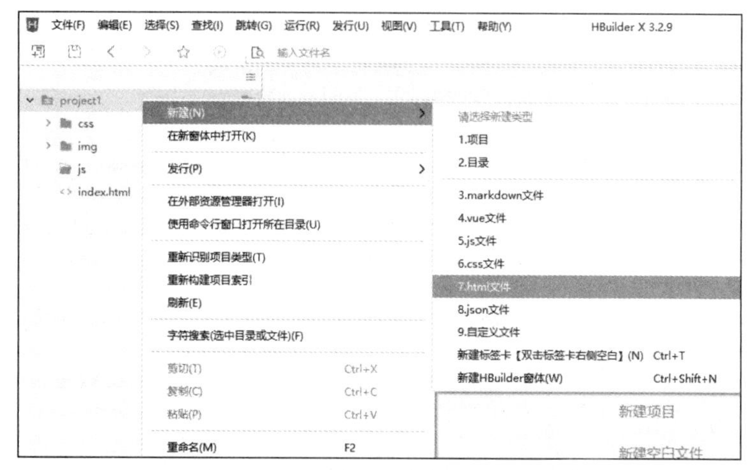

图 1-10　project1 项目下新建 html 文件

图 1-11　“新建 html 文件”对话框

注意：

网站项目中所有的文件和文件夹的名称最好只包含英文字母、数字和下划线。文件名应该具有清楚明确的含义，例如很容易理解 student.html 为与“学生”相关的网页，而对于 file1.html，则很难判断文件的内容。

（3）编写代码。HTML 文件创建完成后，在 HbuilderX 项目管理器的右边，即代码编辑区域，按需要输入代码即可。HBuilderX 具备强大的代码提示和智能补齐功能，就算我们有选择地输入单词中的字母，也能匹配到与单词相关的代码提示。然后选择需要的单词，再按 Enter 键，会发现 HBuilderX 自动完成输入。例如在<title></title>后面输入“sc”再按 Enter 键，会自动生成图 1-12 所示代码。

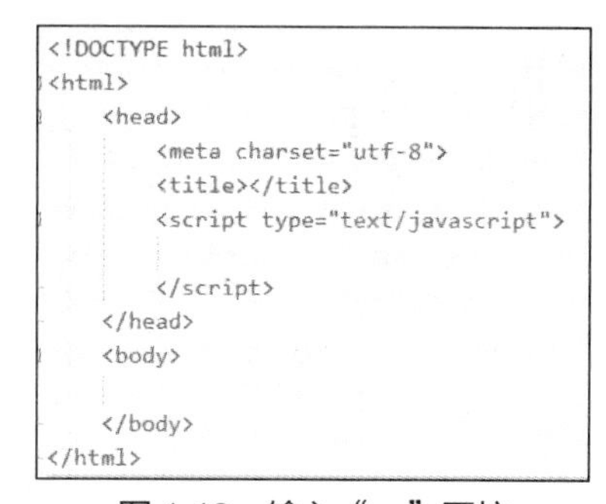
```
<!DOCTYPE html>
<html>
    <head>
        <meta charset="utf-8">
        <title></title>
        <script type="text/javascript">

        </script>
    </head>
    <body>

    </body>
</html>
```

图 1-12　输入“sc”再按 Enter 键自动生成的代码

（4）运行网页文件。在 HBuilderX 菜单栏单击“运行”→“运行到浏览器”，如图 1-13 所示，或者在工具栏中单击“浏览器运行”按钮，选择一种浏览器就可以运行网页文件查看网页效果了。

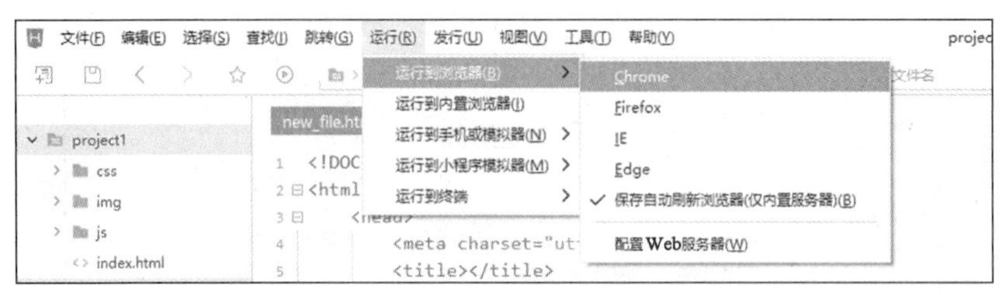

图 1-13　预览网页

1.2.3　HBuilderX 的常用组合键

在使用 HBuilderX 开发环境时，可以通过一些快捷方式提升开发效率。HBuilderX 的常用组合键如表 1-1 所示。

表 1-1　HBuilderX 的常用组合键

组合键	功能
Ctrl+D	删除当前行
Ctrl+L	选中当前行
Ctrl+]	在选中对象的首尾添加包围标签
Ctrl+/	注释代码或取消注释
Ctrl+Z	撤销
Ctrl+C	复制
Ctrl+X	剪切
Ctrl+K	格式化代码
Ctrl+Alt+S	保存所有文件
Ctrl+R	运行代码

另外，HBuilderX 还可以快速生成一组代码。同一级标签用“+”表示，下一级用“>”表示，重复的标签用“*”表示。然后按 Tab 键，接着在标签中输入内容即可。例如在<body></body>中间输入“div+ul>li*4>a”，然后按 Tab 键，会自动生成图 1-14 所示的代码。

```
<body>
    <div></div>
    <ul>
        <li><a href=""></a></li>
        <li><a href=""></a></li>
        <li><a href=""></a></li>
        <li><a href=""></a></li>
    </ul>
</body>
```

图 1-14　输入“div+ul>li*4>a”自动生成的代码

1.2.4 HBuilderX 的智能选中功能

编辑代码时用拖曳鼠标的方式选中一段代码或文本，是一个很麻烦的操作。HBuilderX 提供了友好的选择方式：智能双击。

（1）双击标签开头或结尾，可选中相应标签对及其内部的所有内容。例如，在</ul>后面进行双击操作，即可选中<ul>标签对及其内部的所有内容，如图 1-15 所示。

（2）双击引号或括号内侧，可以选中引号或括号内的内容，如图 1-16 所示。

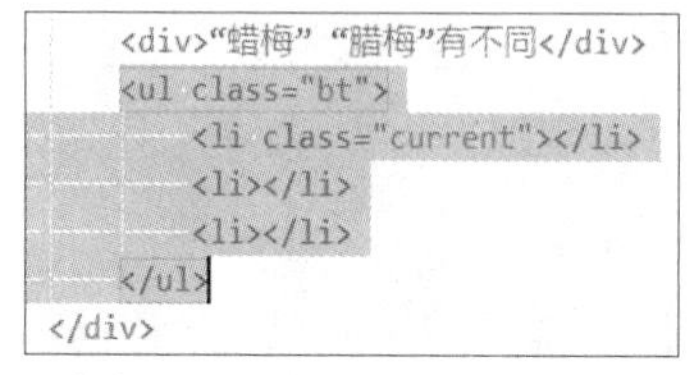

图 1-15 选中<ul>标签对及其内部的所有内容

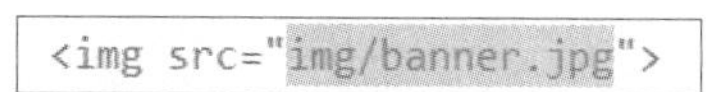

图 1-16 选中引号内的内容

（3）双击代码行尾或行首，可以选中相应行，如图 1-17 所示。

（4）双击某字符，可以选中整个字符串，如图 1-18 所示。

（5）双击连词符“-”可选中整个词，如图 1-19 所示。

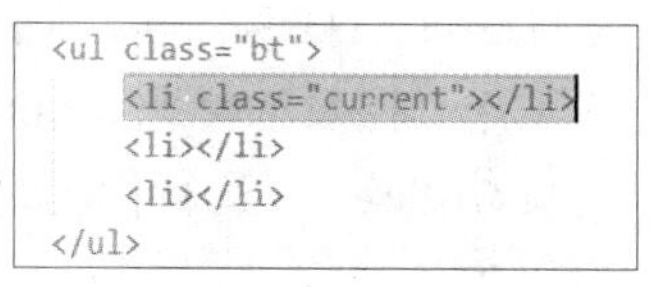

图 1-17 选中一行

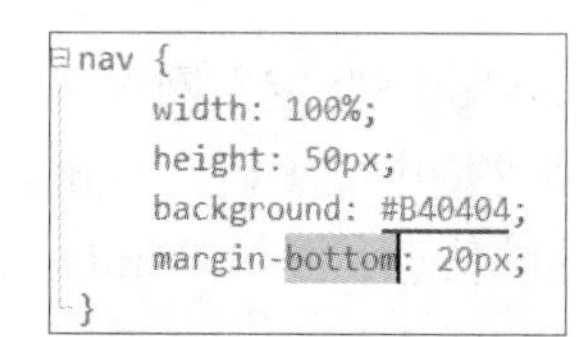

图 1-18 选中整个字符串

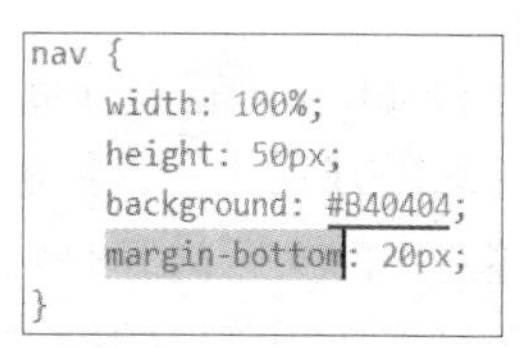

图 1-19 选中整个词

（6）双击注释符可以选中注释区域，如图 1-20 所示。

（7）双击选择器左侧，可以选中该选择器定义的所有样式规则，例如，在.welcome 左侧进行双击操作，即可选中.welcome 定义的所有样式规则，如图 1-21 所示。

（8）双击选择器{ }的内侧，可以选中{ }中的所有样式规则，如图 1-22 所示。

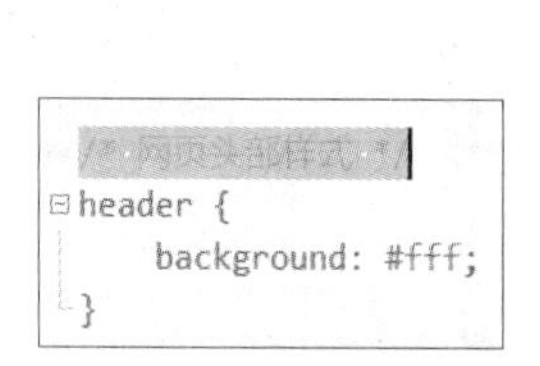

图 1-20 选中注释区域

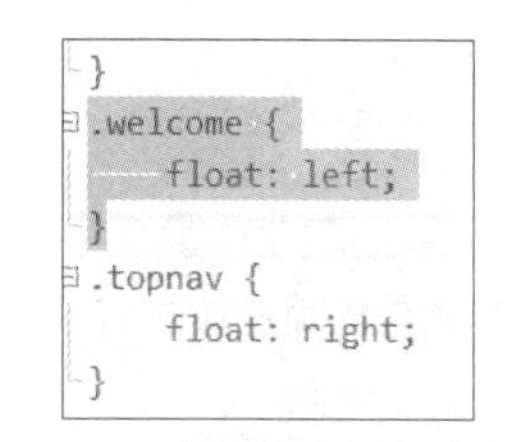

图 1-21 选中某选择器定义的所有样式规则

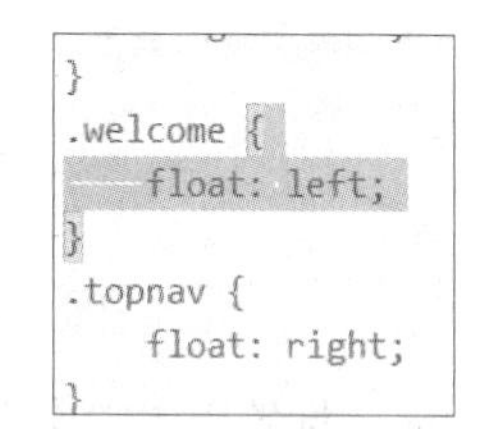

图 1-22 选中某{ }中的所有样式规则

以上介绍的是 HBuilderX 一些常用的选中操作。读者可以在 HBuilderX 菜单栏中单击“帮助”→“入门教程”，查看更详细的 HBuilderX 使用教程。

小贴士

会查看帮助文档是程序员的基本素养之一。只有养成自主学习的习惯，并具有终身学习的意识和能力，才能适应软件行业日新月异的技术发展。

1.3 HTML5 文档的基本结构

使用 HBuilderX 新建 HTML5 默认文档，会自动创建 HTML5 文档的基本代码，如下所示。

```
1  <!DOCTYPE html>
2  <html>
3   <head>
4       <meta charset="utf-8">
5       <title></title>
6   </head>
7   <body>
8   </body>
9  </html>
```

<!DOCTYPE html>位于文档的最前面，是一个文档声明，告知浏览器这是一个 HTML5 文档，用 HTML5 标准解释代码。

<html>标签称为根标签，所有的网页标签都在<html>标签对中。

<head>标签用于定义文档的头部，它是所有头部元素的容器。其标签对中包含<meta>标签和<title>标签。<meta charset="utf-8">定义网页编码方式为 UTF-8（UTF-8 是目前最常用的编码方式之一，能够很好地支持中文编码）。<title>标签用于定义网页的标题。<title>标签对中的文字内容是网页的标题信息，例如"<title>第一个网页</title>"，运行代码时标题会出现在浏览器的标题栏中，如图 1-23 所示。文档头部还可以包含<base />、<link />、<script>及<style>等标签，这些标签会在后面的内容中讲解。

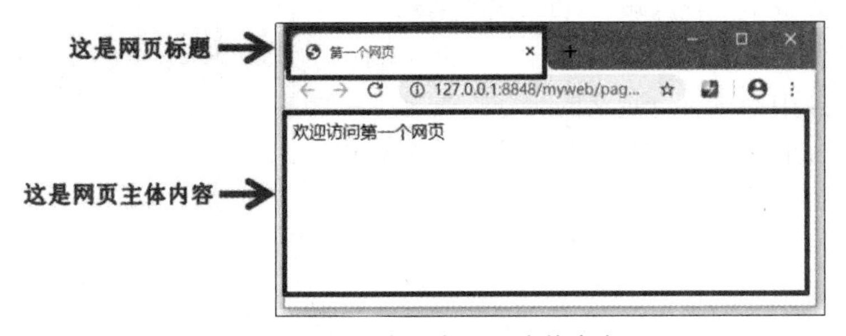

图 1-23　网页标题与网页主体内容

<body>标签用于定义文档的主体部分。<body>与</body>之间通常会有很多其他元素，这些元素和元素属性构成 HTML 文档的主体部分。<body>标签对中的内容会在浏览器中显示出来。

1.4 HTML5 标签的语法

HTML5 标签由英文尖括号<和>括起来，例如前面提到的<html>、<body>标签。

1.4.1　单标签和双标签

HTML5 标签大部分是双标签，以开始标签起始，以结束标签终止，结束标签比开始标签多了一个"/"。元素的内容是开始标签与结束标签之间的内容。双标签的基本语法格式如下所示。

```
<标签名>文本内容</标签名>
```

例如下面的代码定义了一个标题和一个段落。

```
<h1>这是一个标题</h1>
<p>这是一个段落</p>
```

HTML5 标签中有一小部分单标签，也叫自闭合标签，其基本语法格式如下所示。

```
<标签名 />
```

例如下面的代码定义了一条水平线。

```
<hr />
```

HTML5 语法比较宽松，对于单标签不强制要求标签闭合，例如<hr />也可以写成<hr>。

1.4.2 标签的属性

属性提供了有关 HTML 元素的更多信息。属性总是在 HTML 元素的开始标签中规定。其语法如下所示。

```
<标签名 属性 1="属性值 1" 属性 2="属性值 2"… >
```

标签可以有多个属性，各属性之间无先后次序。例如下面的代码。

```
<img src="pulpit.jpg" width="304" height="228" />
```

上述代码中的<img />标签定义了网页中的图片，图片的地址在 src 属性中指定，另外还通过 width 和 height 属性设置了图片的宽度和高度。

HTML5 语法中属性值一般放在双引号中。单引号也是允许的，甚至有些属性值不放在引号中也是正确的，但是为了保证代码的完整性和严谨性，建议使用双引号。

1.4.3 标签之间的嵌套

标签与标签之间是可以嵌套的，但先后顺序必须保持一致，如下所示。

```
<div><p>文本段落</p></div>
```

上述代码中，在<div>标签里嵌套了<p>标签，那么</p>结束标签必须放在</div>结束标签的前面。

1.4.4 标签不区分大小写

HTML5 标签不区分大小写，小写的<h1>等同于大写的<H1>。但建议大家将它们统一为一种形式，因为标签大小写混用会使网页结构看起来混乱，不利于阅读。

1.4.5 HTML5 注释

如果需要在 HTML 文件中添加一些帮助程序员阅读和理解代码的文本，但又不需要在页面中显示，就需要使用注释。使用注释不仅可以方便程序员自己回忆代码的作用，还可以帮助其他程序员很快读懂程序，方便多人合作开发网站。HTML5 注释的基本语法格式如下所示。

```
<!-- 注释语句 -->
```

下面通过 example1-1.html 说明在 HTML 文件中使用注释的方法。

```
1 <!DOCTYPE html>
2 <html>
3  <head>
4    <meta charset="utf-8">
5    <title>注释</title>
```

```
6    </head>
7    <body>
8      <!--文章开始-->
9      <p>学好靠信心，求教靠虚心，探求靠专心，长进靠恒心。</p>
10     <!--文章结束-->
11   </body>
12 </html>
```

代码的第 8 和第 10 行都是 HTML 注释，代码在浏览器中的运行效果如图 1-24 所示。从浏览器中的效果可以看出，注释内容不会在浏览器窗口中显示出来。

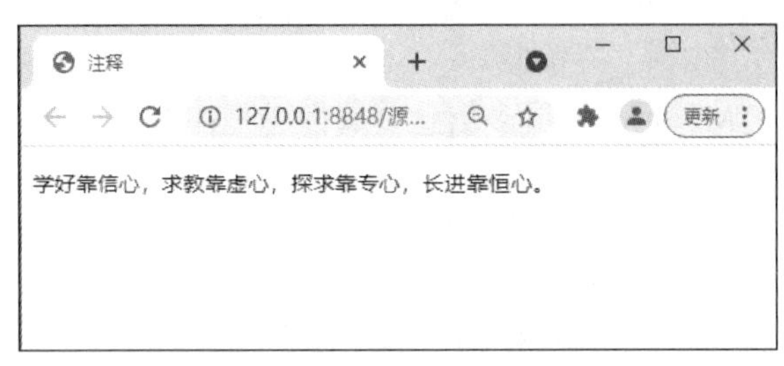

图 1-24　example1-1.html 运行效果

扫码观看视频

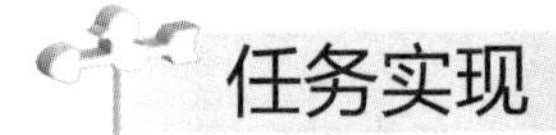

任务实现

根据任务描述，可以按以下步骤来完成任务。

1. 创建名为 myweb 的基本 Web 项目

打开 HBuilderX，在 HBuilderX 的菜单栏中单击“文件”→“新建”→“项目”。在弹出的“新建项目”对话框中设置“项目名称”为 myweb，单击“浏览”，将项目的存放路径设置为 D 盘，在“选择模板”中选择“基本 HTML 项目”，最后单击“创建”按钮，如图 1-25 所示。

图 1-25　创建名为 myweb 的基本 Web 项目

2. 在 myweb 项目中新建 page 文件夹

在 HBuilderX 左侧项目管理器中的 myweb 文件夹上单击鼠标右键，在弹出的快捷菜单中选择“新建”→“目录”，如图 1-26 所示。此时左侧的项目管理器中会出现空白文本框等待输入文件夹名称。输入“page”即可，如图 1-27 所示。

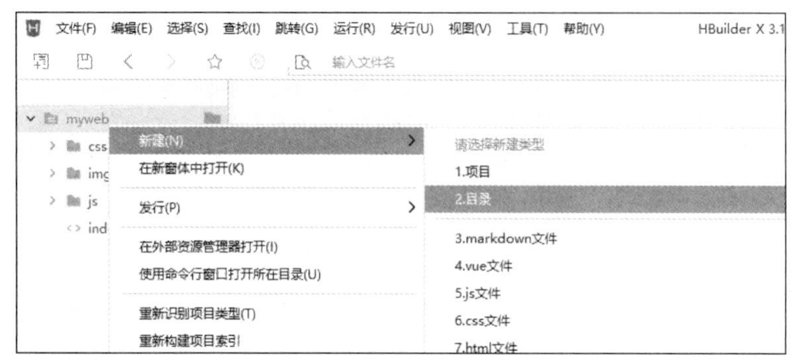

图 1-26　在 myweb 项目中新建目录

图 1-27　新建 page 文件夹

3. 在 page 文件夹中创建 page1.html 网页

在 HBuilderX 左侧项目管理器中的 page 文件夹上单击鼠标右键，在弹出的快捷菜单中选择“新建”→“html 文件”。此时会弹出“新建 html 文件”对话框，在对话框中将 HTML 文件命名为 page1，最后单击“创建”按钮，如图 1-28 所示。此时 HbuilderX 的界面右侧自动出现 page1.html 的编辑界面，如图 1-29 所示。

图 1-28　创建 page1.html 网页

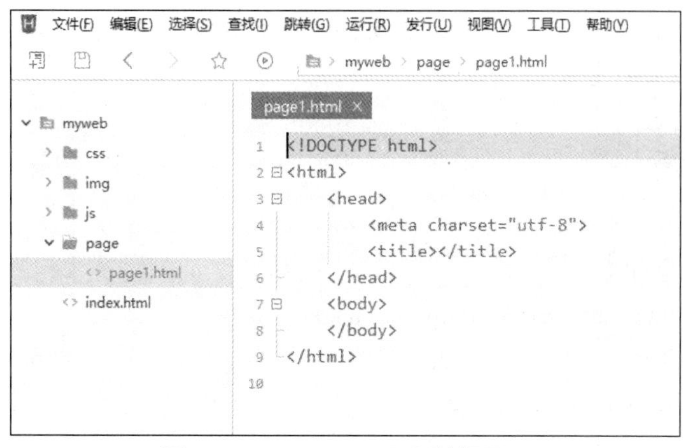

图 1-29　page1.html 网页编辑界面

4. 编辑 page1.html 网页

在 page1.html 的编辑界面输入 HTML 代码，如下所示。

```
1  <!DOCTYPE html>
2  <html>
3    <head>
4      <meta charset="utf-8">
5      <title>第一个网页</title>                <!--这是网页标题-->
6    </head>
7    <body>
8      欢迎访问第一个网页
9    </body>
10 </html>
```

5. 浏览网页效果

保存文件，在 HBuilderX 菜单栏中单击 “运行” → “运行到浏览器”，或者在工具栏中单击“浏览器运行”按钮，选择一种浏览器即可运行网页文件，查看网页效果，如图 1-30 所示。

图 1-30　page1.html 网页预览效果

单元小结

本单元介绍了网页的相关概念、网页开发工具、HTML5 文档的基本结构和 HTML5 标签的语法，讲解了使用 HBuilderX 制作一个简单网页的方法。通过对本单元的学习，读者可以了解网页的相关概念，掌握 HTML5 文档的基本结构和 HTML5 标签的语法，能够熟练地使用 HBuilderX 创建简单的网页。

思考练习

一、单选题

1. HTML 的全称是（　　）。
   A. Hyperlinks and Text Markup Language
   B. Home Tool Markup Language
   C. How To Markup Language
   D. Hyper Text Markup Language

2. 下列不属于静态网页技术的是（　　）。

A. HTML　　B. CSS　　C. ASP　　D. JavaScript

3. 下列关于静态网页和动态网页的说法错误的是（　　）。

A. 静态网页文件里没有服务器程序代码，只有 HTML 标签

B. 要改变静态网页的内容，就必须修改源代码

C. 动态网页可以访问数据库，而静态网页不能

D. 静态网页不能含有动画

4. HTML5 的注释格式是（　　）。

A. // 注释内容　　B. '注释内容

C. /* 注释内容 */　　D. <!-- 注释内容 -->

5. 下列标签不能嵌套在<head>标签内的是（　　）。

A. <title>　　B. <style>　　C. <body>　　D. <script>

6. 网页主体内容所在的标签对是（　　）。

A. <html> </html>　　B. <div> </div>

C. <body> </body>　　D. <head> </head>

7. 在 HBuilder X 中添加注释的组合键是（　　）。

A. Ctrl+R　　B. Ctrl+/

C. Ctrl+L　　D. Ctrl+N

二、实践操作题

在 D 盘创建名为 site1 的基本 Web 项目。删除该项目中的 js 文件夹，将 img 文件夹重新命名为 images；在该项目中新建网页文件，命名为 test.html；编辑该网页文件，设置标题为“test”；网页内容为“读书是学习，使用也是学习，而且是更重要的学习。”；在<body>标签前添加注释“这是网页主体内容”，最后浏览该网页的效果。

单元 2　HTML5 基本标签

HTML5 通过各种标签定义网页显示的内容。本单元将介绍 HTML5 常用的文本控制标签、图像标签、超链接标签、列表标签、表格标签、表单标签等基本标签。

学习目标

★ 掌握文本控制、图像、超链接、列表、表格、表单等常用 HTML5 标签的应用。

★ 理解相对路径与绝对路径的定义。

★ 能够使用 HTML5 基本标签编写简单的网页。

任务1　制作图文混排的网页

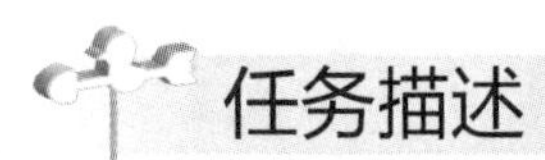

任务描述

创建一个公司简介网页 gsjj.html，用于介绍公司的基本情况。其中包含标题、正文和图片，网页效果如图 2-1 所示。本任务要求仅利用文本控制标签和图像标签搭建网页的 HTML 结构，不涉及 CSS 样式，其中第二段中的文本“ISO9001：2011，IATF16949 TUV”需要加粗显示，文本“获得国家 17 项实用新型专利”需要以斜体样式显示。

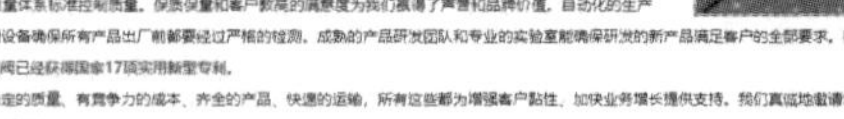

（a）未添加 CSS 样式的效果　　　　（b）添加 CSS 样式后的效果

图 2-1　公司简介网页的效果

前导知识

2.1　文本控制标签

2.1.1　标题标签

HTML 页面中会有各种级别的标题，标题的表示需要使用标题标签。标题标签一共有

6 个级别：<h1>、<h2>、<h3>、<h4>、<h5>和<h6>。它们分别对应一至六级标题。其中，<h1>标签定义最大的标题，<h6>标签定义最小的标题。

例如，下面 example2-1.html 的代码就实现了一级到六级标题的效果。

```
1  <!DOCTYPE html>
2  <html>
3    <head>
4      <meta charset="utf-8">
5      <title>标题标签</title>
6    </head>
7    <body>
8      <h1>这是一级标题</h1>
9      <h2>这是二级标题</h2>
10     <h3>这是三级标题</h3>
11     <h4>这是四级标题</h4>
12     <h5>这是五级标题</h5>
13     <h6>这是六级标题</h6>
14   </body>
15 </html>
```

代码在浏览器中的运行效果如图 2-2 所示。

这是一级标题

这是二级标题

这是三级标题

这是四级标题

这是五级标题

这是六级标题

图 2-2　各种级别的标题

注意：

一般一个页面中只能有一个<h1>标签，其他标题标签可以有多个。另外还要注意不能混淆这里的标题标签和前面介绍过的<title>标签的概念。<title>标签用于显示网页的标题，而不用于显示文章的标题。

2.1.2　段落标签

要在网页上显示一段一段的文本，一般使用段落标签。段落标签的语法如下所示。

```
<p>段落文本</p>
```

如果一篇文章中有多段文本，则需要把每个段落分别放到<p>标签中。例如下面 example2-2.html 的代码实现了有多段文本的诗句显示效果。

```
1  <!DOCTYPE html>
2  <html>
3    <head>
4        <meta charset="utf-8">
```

```
5       <title>段落标签</title>
6     </head>
7     <body>
8       <h2>今日诗</h2>
9       <p>今日复今日，今日何其少！ </p>
10      <p>今日又不为，此事何时了？ </p>
11      <p>人生百年几今日，今日不为真可惜！ </p>
12      <p>若言姑待明朝至，明朝又有明朝事。</p>
13      <p>为君聊赋今日诗，努力请从今日始。</p>
14    </body>
15  </html>
```

代码在浏览器中的运行效果如图 2-3 所示。

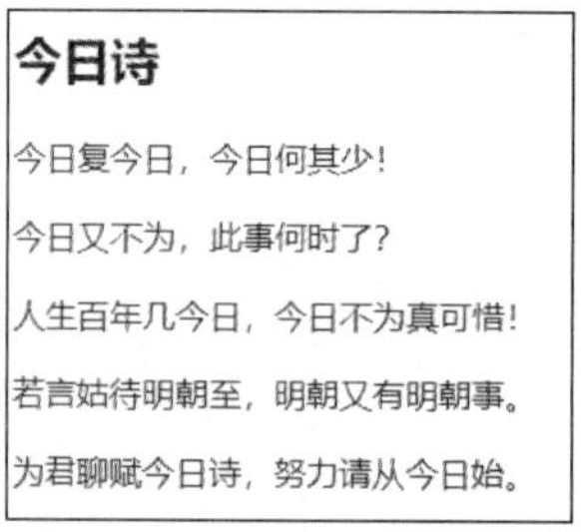

今日诗

今日复今日，今日何其少！

今日又不为，此事何时了？

人生百年几今日，今日不为真可惜！

若言姑待明朝至，明朝又有明朝事。

为君聊赋今日诗，努力请从今日始。

图 2-3　段落标签的效果

从代码运行效果可以看出，每一个段落都会自动换行，相邻段落有一定的间距。

小贴士

这首《今日诗》劝勉人们要珍惜时间，莫荒废光阴。大家还知道哪些关于珍惜时间的诗句呢？可以试试使用段落标签让它们在网页中显示出来。

2.1.3　换行标签

段落中的文本遇到浏览器的右端会自动换行。如果要随意对文本进行换行处理，就需要使用换行标签
。例如下面 example2-3.html 的代码实现了用
标签换行。

```
1   <!DOCTYPE html>
2   <html>
3     <head>
4       <meta charset="utf-8">
5       <title>换行标签</title>
6     </head>
7     <body>
8       <p>这是第一个段落</p>
9       <p>这是第二个  <!-- 这里使用回车键换行 -->
10      段落</p>
11      <p>第三段<br />强制换行的文字</p>
12    </body>
13  </html>
```

代码在浏览器中的运行效果如图 2-4 所示。

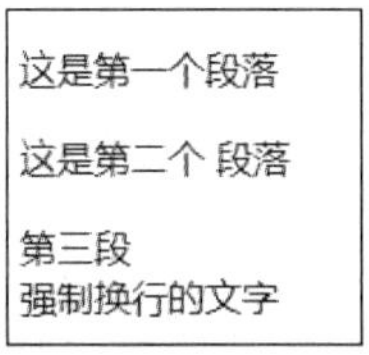

这是第一个段落

这是第二个 段落

第三段
强制换行的文字

图 2-4　换行标签的效果

从运行效果可以看出，代码中使用回车键换行的文本在浏览器中并没有换行，只有使用
标签的文本才实现了换行。使用
标签实现的文本换行，行间距明显比段落间距小。

2.1.4　文本格式化标签

在网页中可以使用文本格式化标签对文本进行修饰，例如，设置文字加粗、斜体、上标、下标等效果。常用的文本格式化标签如表 2-1 所示。

表 2-1　常用的文本格式化标签

标签	说明
<em>	定义着重文字，文字斜体显示
<strong>	定义加重语气，文字加粗显示
<sub>	定义下标
<sup>	定义上标

例如，要在网页中以斜体方式强调显示一个带下标和上标的公式，可以使用如下 example2-4.html 的代码。

```
1  <!DOCTYPE html>
2  <html>
3    <head>
4      <meta charset="utf-8">
5      <title>文本格式化标签</title>
6    </head>
7    <body>
8      公式：<em>X <sub>1</sub>=E <sup>2</sup></em>
9    </body>
10 </html>
```

代码在浏览器中的运行效果如图 2-5 所示。

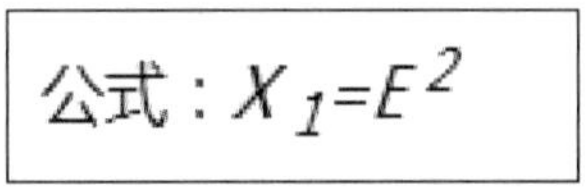

公式：$X_1=E^2$

图 2-5　带下标和上标的公式

注意：

文本的斜体和加粗效果都可通过 CSS 进行设置。要根据标签的语义来使用标签，只有表示强调的文本内容才使用<strong>标签或<em>标签。

2.1.5 转义字符

在 HTML 代码中，很多特殊的符号是需要特别处理的，例如在代码中输入多个空格，但在预览网页时只会显示一个空格；又如“<html>”这样的文本，会被浏览器解析为 HTML 标签。那么该如何处理这些特殊符号呢？这就需要使用 HTML 的转义字符。

HTML 中常用的转义字符如表 2-2 所示。

表 2-2 HTML 中常用的转义字符

特殊字符	说明	代码
	空格符	
<	小于号	<
>	大于号	>
&	和号	&
×	乘号	×
÷	除号	÷
¥	人民币/日元	¥
©	版权符	©
®	注册商标	®
¦	竖线	¦

例如，下面 example2-5.html 的代码实现了显示多个空格和文本“<html>”。

```
1  <!DOCTYPE html>
2  <html>
3    <head>
4      <meta charset="utf-8">
5      <title>转义字符</title>
6    </head>
7    <body>
8      <p>这里的空格                                        不起作用！</p>
9      <p>这里的空格       才有用！</p>
10     <p>我要显示&lt;html&gt;标签</p>
11   </body>
12 </html>
```

代码在浏览器中的运行效果如图 2-6 所示。

这里的空格 不起作用！

这里的空格　　才有用！

我要显示<html>标签

图 2-6 显示多个空格和“<html>”的效果

2.2 图像标签

2.2.1 图像格式

网页上常用的图片格式主要有 JPG、GIF 和 PNG 这 3 种。

（1）JPG 一般指 JPEG 格式，JPEG 格式是最常用的图像文件格式，扩展名为.jpg 或.jpeg。一般颜色丰富的复杂图，如照片、高清图片等都是 JPG 格式的，JPG 格式的图像体积比较大，而且 JPG 格式不支持透明图像。

（2）GIF 分为静态 GIF 和动态 GIF 两种，图像色彩最多只有 256 色，因此 GIF 格式不能存储色彩丰富的图像。GIF 图像体积小，不支持半透明图像，支持透明图像但是图像边缘有锯齿。网页中的小动画或小图片一般都是 GIF 格式的。

（3）PNG 是一种无损格式，PNG 图像体积小，支持透明背景和半透明背景，但不适合存储色彩丰富的图像。

2.2.2　创建图像

在 HTML 中，图像由<img />标签定义，其基本语法格式如下所示。

```
<img src="url" alt="some_text" />
```

src 属性和 alt 属性是<img />标签必需的属性。src 属性规定显示图像的 URL，即图像存储的位置。alt 属性用来为图像定义一串预备的可替换的文本。当浏览器无法载入图像时，alt 属性将告诉网页用户丢失的图像信息。

<img />标签中还有个常用的可选属性 title，它用于描述图片。当鼠标指针悬停在图片上时，会显示 title 属性定义的文本。

例如，下面 example2-6.html 代码显示了公司 Logo 图片。

```
1  <!DOCTYPE html>
2  <html>
3    <head>
4      <meta charset="utf-8">
5      <title>logo</title>
6    </head>
7    <body>
8      <img src="img/logo.png" alt="公司 Logo 图片" title="都达科技有限公司 Logo" />
9    </body>
10 </html>
```

代码在浏览器中的运行效果如图 2-7 所示。

（a）图片正常，显示 title 属性定义的提示文本

公司Logo图片

（b）图片出错，显示 alt 属性定义的提示文本

图 2-7　图片标签的应用效果

2.2.3　图像路径

使用图像标签要特别注意路径是否正确。如果路径不正确，浏览器就无法正确显示图像。HTML 中的路径分为绝对路径和相对路径两种。

绝对路径是完整的描述文件位置的路径，就是文件在硬盘或网络上的真正路径。例如，看到路径“C:/web/img/pic.jpg”，就可以知道 pic.jpg 文件在 C 盘 web 目录下的 img 子目录中。在网页制作中，一般不使用绝对路径，因为在自己的计算机上浏览网页时可能一切正常，一旦将网页文件夹移动到其他计算机上，这个路径就会出错。例如将自己计算机上的本地站点上传到 Web 服务器上或移动到别的计算机上时，如果整个站点文件夹并没有放在 C 盘，按照原来的绝对路径“C:/web/img/pic.jpg”就找不到图片，网页上的图片就无法显示。

相对路径是指文件与文件之间的相对位置。例如现在有一个页面 index.html，在这个页面中需要插入一张图片 pic.jpg。它们的绝对路径分别为“C:/web/index.html”和“C:/web/img/pic.jpg”。那么在 index.html 中可以使用“img/pic.jpg”来定位 pic.jpg 文件。这就是一个相对路径的写法，表示从 index.html 出发，先找到 img 文件夹，再找到 pic.jpg。相对路径中用“../”来表示上一级目录，“../../”表示上上级的目录，以此类推。下面列举相对路径几种常见的情形，如表 2-3 所示。

表 2-3　相对路径几种常见的情形

HTML 文件位置	图的位置	相对路径写法	情形说明
C:\web	C:\web	<img src="pic.gif" />	图与网页均在同一目录
C:\web	C:\web\img	<img src="img/pic.gif " />	图在网页下一级目录
C:\web\page	C:\web	<img src="../pic.gif" />	图在网页上一级目录
C:\ web\page	C:\web\img	<img src="../img/pic.gif" />	图与网页在同一级但不在同一目录

在网页制作中，对于网站内部文件，无论是图片还是超链接等，一般都使用相对路径。因此，大家需要重点掌握相对路径，绝对路径了解即可。

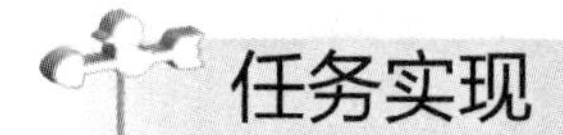

任务实现

扫码观看视频

根据任务描述，可以按以下步骤来完成任务。

1. 新建项目和网页文件

在 HBuilderX 中新建一个基本项目，命名为 Dudaweb，将素材文件中提供的所有图片复制到 img 文件夹中备用。新建 HTML 文件，命名为 gsjj.html。

2. 分析网页效果搭建 HTML 结构

根据制作公司简介的任务要求，分析网页效果图 2-1，可以看出该网页中有一个标题、两张图片、3 段正文文本，还有两句强调的文本。其中，“公司简介”标题使用<h2>标签显示，图片使用<img />标签显示，段落使用<p>标签显示。对于要强调的文本，若需加粗显示，则使用<strong>标签；若需斜体显示，则使用<em>标签。

根据分析，使用相应的 HTML 标签来搭建网页结构，gsjj.html 代码如下所示。

```
1  <!DOCTYPE html>
2  <html>
3    <head>
4      <meta charset="utf-8">
5      <title>公司简介</title>
6    </head>
7    <body>
8      <h2>公司简介</h2>
```

```
9      <img src="img/gsjj.jpg" />
10     <p>都达科技股份有限公司于 2010 年成立于常州，距上海两小时车程，是一个技术专业化、管理科学化、人员年轻化的现代化民营企业。公司主要生产和销售汽车空调配件、控制阀、泄压阀、速度传感器、过热保护器等。“专业、安全、创新”是我们永远追求的目标。我们秉承让客户满意就是企业发展的追求，坚持“是中国的，也是世界的”，用最安全、最优质的产品服务于我们的客户。我们坚信没有落后的产业，只有落后的产品。我们始终以创造、创新为发展方向，不断推出适合消费者的新产品！
11     </p>
12     <img src="img/ggjj2.jpg" />
13     <p>我公司厂房占地 2 万多平方米，拥有各类专用数控加工大型设备 300 多台，拥有 6 条全自动化生产线及全套的生产检测设备。现有员工 90 名，其中技术人员 10 名，另外聘用研究员、高级工程师两名，作为公司的长期技术顾问。我们以成为让客户满意的汽车零部件制造商为目标，所有的零件都是全新制造。全新的、高品质的控制阀能满足几乎所有的汽车空调压缩机的需求。都达通过并严格按照<strong>ISO9001：2011，IATF16949 TUV</strong>质量体系标准控制质量。保质保量和客户较高的满意度为我们赢得了声誉和品牌价值。自动化的生产和检测设备确保所有产品出厂前都要经过严格的检测。成熟的产品研发团队和专业的实验室能确保研发的新产品满足客户的全部要求。都达自主研发的控制阀已经<em>获得国家 17 项实用新型专利</em>。
14     </p>
15     <p>稳定的质量、有竞争力的成本、齐全的产品、快速的运输，所有这些都为增强客户黏性、加快业务增长提供支持。我们真诚地邀请您随时访问我们的网站和工厂。</p>
16   </body>
17 </html>
```

代码在浏览器中的运行效果如图 2-1（a）所示。

任务2 制作新闻中心模块

任务描述

创建一个展示新闻列表的网页 news.html，其中包含标题和新闻列表，新闻列表使用空链接。网页效果如图 2-8 所示，本任务仅要求利用标签搭建网页的 HTML 结构，不涉及 CSS 样式。

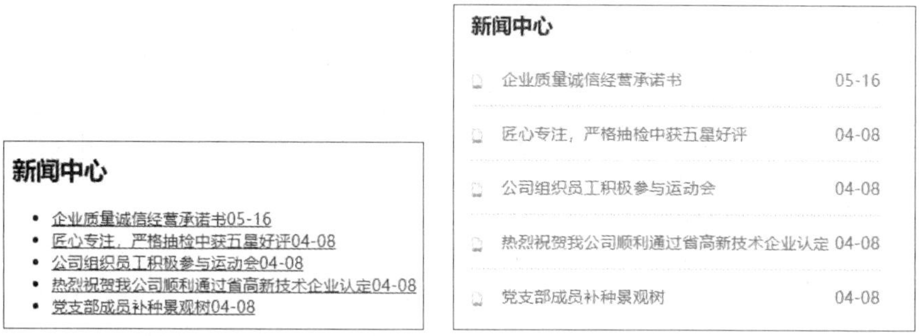

新闻中心

- 企业质量诚信经营承诺书05-16
- 匠心专注，严格抽检中获五星好评04-08
- 公司组织员工积极参与运动会04-08
- 热烈祝贺我公司顺利通过省高新技术企业认定04-08
- 党支部成员补种景观树04-08

（a）未添加 CSS 样式的效果

新闻中心

企业质量诚信经营承诺书 05-16
匠心专注，严格抽检中获五星好评 04-08
公司组织员工积极参与运动会 04-08
热烈祝贺我公司顺利通过省高新技术企业认定 04-08
党支部成员补种景观树 04-08

（b）添加 CSS 样式后的效果

图 2-8 新闻中心模块效果图

前导知识

扫码观看视频

2.3 超链接标签

在一个网站中，所有页面都会通过超链接连接在一起，超链接是网页中必不可少的部分。超链接是指从一个网页指向一个目标的连接关系。网页中用来设置超链接的对象可以是文本（称为“文本超链接”），也可以是图片（称为“图片超链接”）。用户单击已经设置链接的文本或图片后，链接目标将显示在浏览器上。

HTML 中使用<a>标签来实现超链接，语法如下所示。

```
<a href="url">文本或图片</a>
```

2.3.1 超链接标签的属性

<a>标签中有两个主要的属性，它们分别是 href 属性和 target 属性。

href 属性是<a>标签必需的属性，用于指示一个目标。这个目标可以是另一个网页，也可以是一张图片、一个电子邮箱地址、一个文件，甚至是相同网页上的不同位置。href 属性的值是一个链接地址，也就是网页或目标资源的地址。链接目标的路径可以是绝对路径，也可以是相对路径。

当链接目标为外部网站链接时，通常要使用完整的地址。例如，下面的代码实现了一个超链接，单击文本后可以访问百度首页。

```
<a href="http://www.baidu.com">百度</a>
```

当链接目标为站点内指定的文件或者图片时，通常使用相对路径。这里的相对路径和图像标签中介绍的相对路径是一个概念，使用方法相同。例如下面的代码实现了一个超链接，单击文本后可以访问与当前网页在同一个文件夹下的首页文件。

```
<a href="index.html">首页</a>
```

当链接目标为电子邮箱时，使用“mailto：邮箱地址”。例如，下面的代码实现了一个超链接，单击文本后可以自动打开当前计算机系统中默认的电子邮件客户端软件并跳转至发送邮件到电子邮箱 test@163.com 的邮件编辑界面。

```
<a href="mailto:test@163.com">发送邮件</a>
```

在网页制作过程中，如果暂时没有确定链接目标，可以将 href 属性值定义为“#”，即 href="#"，表示该链接暂时为一个空链接。

target 属性用于控制链接网页打开的目标窗口。默认情况下，该属性值是_self，表示单击超链接后在当前浏览器窗口打开新的页面。如果需要通过新窗口打开超链接页面，可以设置 target 属性值为_blank。例如，下面的代码实现了一个超链接，单击“回到首页”文字，在新的窗口中打开 index.html 网页。

```
<a href="index.html" target="_blank">回到首页</a>
```

2.3.2 锚点链接

当网页内容比较多、页面比较长的时候，用户需要不停拖动浏览器的滚动条或滚动鼠标滚轮才可以浏览到相应的内容。为了提升用户体验，可以使用锚点链接来实现快速跳转。单击锚点链接可以跳转到当前页面的特定位置。

实现锚点链接要先在链接目标位置添加锚点。

添加锚点的方法有以下两种。

（1）在目标位置所在的标签设置 id 属性值为锚记名。语法如下所示。

```
<标签名 id="命名的锚记名"> </标签名>
```

（2）在目标位置插入<a>标签，设置<a>标签的 name 属性值为锚记名。语法如下所示。

```
<a name="命名的锚记名"></a>
```

添加锚点以后就可以通过创建超链接跳转到目标位置了。创建超链接时将 href 属性值设置为“#命名的锚记名”。语法如下所示。

```
<a href="#命名的锚记名">跳转到本页面的锚点处</a>
```

例如，下面 example2-7.html 的代码创建了一个介绍节日的页面，显示 3 个节日的详细信息。页面的顶部创建了锚点链接，单击节日名称，即可定位到该节日内容的位置。

```
1  <!DOCTYPE html>
2  <html>
3    <head>
4      <meta charset="utf-8">
5      <title>节日介绍</title>
6    </head>
7    <body>
8      <h1>节日介绍</h1>
9      春节<br />
10     <a href="#yuanxiaojie">元宵节</a><br />
11     <!--创建锚点链接-->
12     <a href="#zhongqiujie">中秋节</a><br />
13     <!--创建锚点链接-->
14     <h2>春节</h2>
15     <p>春节即农历新年，是岁首、传统意义上的年节，俗称新春、新年、新岁、岁旦、大年等。过春节口头上
又称度岁、庆岁、过年、过大年。
16       …    <!--此处省略了介绍文本-->
17       已有近 20 个国家和地区把中国春节定为整体或者所辖部分城市的法定节假日。
18     </p>
19     <h2 id="yuanxiaojie">元宵节</h2>
20     <!--这里设置 id 属性值为锚记名 yuanxiaojie-->
21     <p>元宵节又称灯节、小正月、元夕、上元节，为每年农历正月十五日，是中国的传统节日之一。
22       …    <!--此处省略了介绍文本-->
23       不少地方在元宵节还增加了耍龙灯、耍狮子、踩高跷、划旱船、扭秧歌、打太平鼓等民俗表演。
24     </p>
25     <h2><a name="zhongqiujie">中秋节</a></h2>
26     <!--这里插入<a>标签，设置<a>标签的 name 属性值为锚记名 yuanxiaojie-->
27     <p>中秋节又称月夕、秋节、拜月节、团圆节等，是中国的传统节日之一。
28       …    <!--此处省略了介绍文本-->
29       “其祭果饼必圆”；各家都要设“月光位”，在月出方向“向月供而拜”。
30     </p>
31   </body>
32 </html>
```

代码在浏览器中的运行效果如图 2-9 所示。浏览该页面时，单击“元宵节”或“中秋节”超链接后，会自动定位到相应的内容部分，实现页面内部的跳转。

小贴士

这个案例只展示了春节、元宵节和中秋节的介绍。大家可以动手实践，多增加几个传统节日的介绍，并使用锚点链接实现页内跳转。我国的传统节日非常丰富，具有深厚

的文化底蕴，是中国传统文化的重要组成部分。我们不能因为外国节日的盛行，而忘记中国传统节日的历史意义。

节日介绍

春节
元宵节
中秋节

春节

春节即农历新年,是岁首、传统意义上的年节,俗称新春、新年、新岁、岁旦、大年等。过春节口头上又称度岁、庆岁、过年、过大年。春节历史悠久，由上古时代岁首祈岁祭祀演变而来。万物本乎天、人本乎祖，祈岁祭祀、敬天法祖，报本反始也。春节的起源蕴含着深厚的文化内涵，在传承发展中承载了丰厚的历史文化底蕴。春节期间，全国各地均会举行各种庆贺新春的活动，带有浓郁的地域特色。这些活动以除旧布新、驱邪攘灾、拜神祭祖、纳福祈年为主要内容，形式丰富多彩，凝聚着中华传统文化精华。

据现代人类学、考古学的研究成果，人类最原始的两种信仰：一是天地信仰，二是祖先信仰。古老的传统节日多

图 2-9　锚点链接网页效果

2.4 列表标签

网页上条理清晰、排列有序的信息一般都以列表的形式呈现，例如导航列表、新闻列表、图片列表等。HTML 提供了 3 种不同的列表：有序列表、无序列表和自定义列表。

2.4.1　有序列表

有序列表中的各个列表项是有顺序的。有序列表从<ol>开始到</ol>结束，<li></li>表示列表项，列表项可以包含文本或其他元素，甚至可以包含新的列表。<ol>标签对中有多少<li>标签对就表示有多少条内容。

例如，下面 example2-8.html 的代码实现了一个有序列表。

```
1  <!DOCTYPE html>
2  <html>
3   <head>
4     <meta charset="utf-8">
5     <title>有序列表</title>
6   </head>
7   <body>
8     <ol>
9     <li>列表项</li>
10    <li>列表项</li>
11    <li>列表项</li>
12    </ol>
13   </body>
14 </html>
```

代码在浏览器中的运行效果如图 2-10 所示。

1. 列表项
2. 列表项
3. 列表项

图 2-10　有序列表效果

扫码观看视频

2.4.2 无序列表

无序列表的列表项是没有顺序的。无序列表从<ul>开始到</ul>结束，<li></li>表示列表项。

例如，下面 example2-9.html 的代码实现了一个无序列表。

```
1  <!DOCTYPE html>
2  <html>
3    <head>
4      <meta charset="utf-8">
5      <title>无序列表</title>
6    </head>
7    <body>
8      <ul>
9      <li>列表项</li>
10     <li>列表项</li>
11     <li>列表项</li>
12     </ul>
13   </body>
14 </html>
```

代码在浏览器中的运行效果如图 2-11 所示。

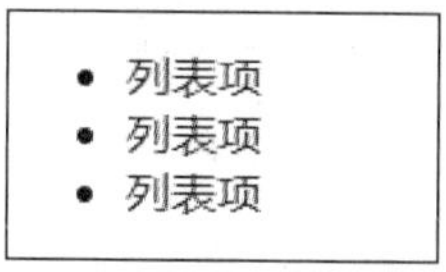

- 列表项
- 列表项
- 列表项

图 2-11 无序列表效果

默认情况下，有序列表的列表项符号是数字，无序列表的列表项符号是“•”。大家学习 CSS 后可以通过 CSS 样式改变列表项符号的显示效果。

对无序列表和有序列表还需要注意以下两点。

（1）ul 和 ol 元素的子元素只能是 li 元素，不能是其他元素。

（2）ul 和 ol 元素内部的文本只能在 li 元素内部添加，而不能在 li 元素外部添加。

2.4.3 自定义列表

自定义列表由定义标题和定义描述两部分组成，而且至少要包含一条定义标题或一条定义描述。一般情况下，当要展示的列表包括标题和描述两部分时，使用自定义列表最合适。

自定义列表的基本语法格式如下所示。

```
1  <dl>
2    <dt>定义标题</dt>
3    <dd>定义描述</dd>
4    <dd>定义描述</dd>
5    <dd>定义描述</dd>
6  </dl>
```

自定义列表中使用了<dl>、<dt>及<dd>3 种标签。<dl>表示自定义列表，<dt>表示定义标题，<dd>表示定义描述。一般情况下，每个定义标题都会对应若干条定义描述，定义描述一般是对定义标题的解释说明。

例如，下面 example2-10.html 的代码实现了一个自定义列表。

```
1  <!DOCTYPE html>
2  <html>
```

```
3   <head>
4     <meta charset="utf-8">
5     <title>HTML 自定义列表</title>
6   </head>
7   <body>
8     <dl>
9       <dt>Web 前端核心技术</dt>
10      <dd>HTML</dd>
11      <dd>CSS</dd>
12      <dd>JavaScript</dd>
13      <dt>Web 后端常用技术</dt>
14      <dd>数据库技术</dd>
15      <dd>PHP</dd>
16      <dd>JSP</dd>
17    </dl>
18  </body>
19 </html>
```

代码在浏览器中的运行效果如图 2-12 所示。

Web前端核心技术
　　HTML
　　CSS
　　JavaScript
Web后端常用技术
　　数据库技术
　　PHP
　　JSP

图 2-12　自定义列表效果

从运行效果可以发现，<dt>标签对中的内容充当了列表的标题，多个<dt>标签之间可以没有关系，<dd>标签对中的内容是对<dt>标签对中内容的描述。

任务实现

扫码观看视频

根据任务描述，可以按以下步骤来完成任务。

1. 新建网页文件

在 HBuilderX 中打开前面创建的项目 Dudaweb，新建 HTML 文件并命名为 news.html。

2. 分析网页效果并搭建 HTML 结构

分析图 2-8 所示新闻列表网页的效果，可以看出“新闻中心”是标题，下面的多个新闻标题是超链接文本。多个新闻标题的陈列需要使用无序列表，其中每个新闻标题应设置为超链接文本。具体实现的 HTML 代码如下所示。

```
1 <!DOCTYPE html>
2 <html>
3   <head>
4     <meta charset="utf-8">
5     <title>新闻中心</title>
6   </head>
```

```
7    <body>
8      <h2>新闻中心</h2>
9      <ul>
10       <li><a href="#">企业质量诚信经营承诺书 05-16</a></li>
11       <li><a href="#">匠心专注，严格抽检中获五星好评 04-08</a></li>
12       <li><a href="#">公司组织员工积极参与运动会 04-08</a></li>
13       <li><a href="#">热烈祝贺我公司顺利通过省高新技术企业认定 04-08</a></li>
14       <li><a href="#">党支部成员补种景观树 04-08</a></li>
15     </ul>
16   </body>
17 </html>
```

代码在浏览器中的运行效果如图 2-8（a）所示。

任务3　制作注册表单

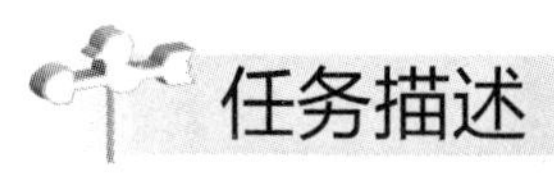

任务描述

综合应用表格标签和表单标签创建一个会员注册表单页面，命名为 register.html。网页效果如图 2-13 所示，本任务要求仅利用标签搭建网页的 HTML 结构，不涉及 CSS 样式。

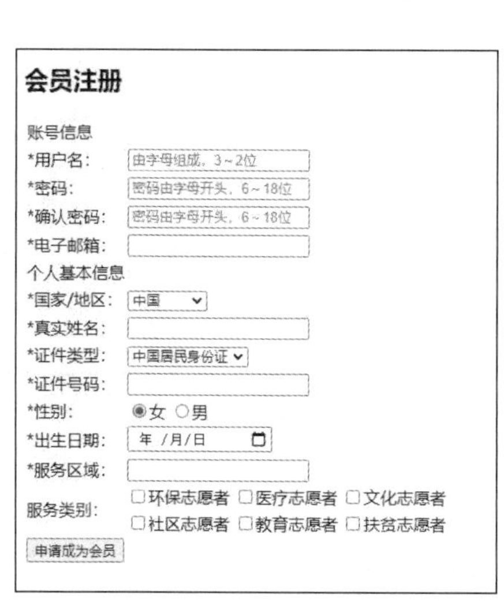

（a）未添加 CSS 样式的效果

（b）添加 CSS 样式后的效果

图 2-13　会员注册表单的效果

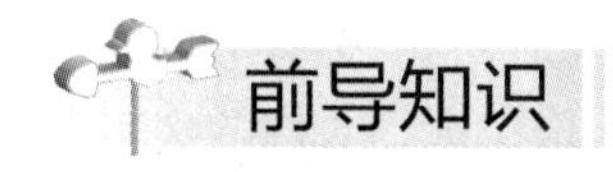

前导知识

2.5　表格标签

表格是网页中的重要元素。利用表格可以有条理地显示数据或信息。在 CSS 还没有流行的时代，表格常用于网页布局。随着技术的发展，现在网页布局广泛使用 CSS 来实现。

但这并不说明表格就没用了。对于网页上的各种信息表、数据表、用户注册表等内容，以表格形式呈现仍然是较好的呈现方式。

2.5.1 基本结构

表格由<table>标签定义。每个表格均有若干行，每行由<tr>标签定义，每行被分割为若干单元格，每个单元格由<td>标签定义。单元格可以包含文本、图片、列表、段落、表单等内容。

表格的结构代码如下面的 example2-11.html 所示。

```
1  <!DOCTYPE html>
2  <html>
3   <head>
4     <meta charset="utf-8">
5     <title>表格标签</title>
6   </head>
7   <body>
8     <table border="1">
9       <tr>
10        <td>第 1 行第 1 列</td>
11        <td>第 1 行第 2 列</td>
12      </tr>
13      <tr>
14        <td>第 2 行第 1 列</td>
15        <td>第 2 行第 2 列</td>
16      </tr>
17    </table>
18   </body>
19 </html>
```

代码在浏览器中的运行效果如图 2-14 所示。

默认情况下，表格不显示边框。这个例子在<table>标签中定义边框 border 属性值为 1，是想更清楚地表现一个表格的结构。在实际使用中可以根据需要设置是否显示边框。

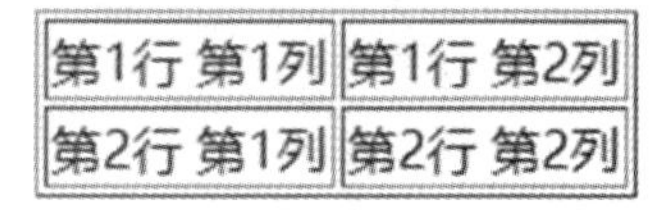

图 2-14　表格效果

2.5.2 复杂结构

一个简单的表格只包含<table>、<tr>、<td>这 3 种标签。如果要创建一个结构更完整、更复杂的 HTML 表格，还需要包含<caption>、<th>、<thead>、<tbody>和<tfoot>等标签。

<caption>标签用于定义表格的标题。注意，一个表格只能有一个标题。默认情况下，表格标题位于整个表格的第一行。

<th>标签用于定义表头单元格。要注意<th>标签和<td>标签的区别，<th>标签对内的文本通常会呈现为居中的粗体文本，<td>标签用于定义普通行的单元格，标签对内的文本通常是左对齐的普通文本。

<thead>标签用于定义表格的表头，<tbody>标签用于定义表格主体（正文），<tfoot>标签用于定义表格的页脚（脚注或表注），这 3 个标签可以让表格结构更清晰，更具有可读性。在实际使用中，这 3 个标签不一定全部都用得上，可以根据实际需要来选择使用。

例如，下面 example2-12.html 的代码实现了一个结构比较完整的表格。

```
1  <!DOCTYPE html>
2  <html>
3    <head>
4      <meta charset="utf-8">
5      <title>中国传统节日</title>
6    </head>
7    <body>
8      <table border="1">
9        <!--表格标题-->
10       <caption>中国传统节日</caption>
11       <!--表头-->
12       <thead>
13         <tr>
14           <th>节日名称</th>
15           <th>节日时间</th>
16           <th>节日习俗</th>
17         </tr>
18       </thead>
19       <!--表格主体-->
20       <tbody>
21         <tr>
22           <td>春节</td>
23           <td>（正月初一）</td>
24           <td>放鞭炮、拜岁、拜年等</td>
25         </tr>
26         <tr>
27           <td>元宵节</td>
28           <td>（正月十五）</td>
29           <td>赏花灯、吃汤圆、猜灯谜、放烟花等</td>
30         </tr>
31         <tr>
32           <td>清明节</td>
33           <td>（阳历 4 月 5 日前后）</td>
34           <td>扫墓祭祀、缅怀祖先等</td>
35         </tr>
36         <tr>
37           <td>端午节</td>
38           <td>（农历五月初五）</td>
39           <td>划龙舟、祭龙、放纸龙等</td>
40         </tr>
41         <tr>
42           <td>七夕节</td>
43           <td>（农历七月初七）</td>
44           <td>夜晚坐看牵牛织女星、访闺中密友、拜祭织女、祈祷姻缘等</td>
45         </tr>
46         <tr>
47           <td>中元节</td>
48           <td>（农历七月十四/十五）</td>
49           <td>祭祖、放河灯、焚纸锭、祭祀土地等</td>
50         </tr>
51         <tr>
52           <td>中秋节</td>
```

```
53            <td>（农历八月十五）</td>
54            <td>祭月、赏月、吃月饼、玩花灯、赏桂花、饮桂花酒等</td>
55          </tr>
56          <tr>
57            <td>重阳节</td>
58            <td>（农历九月初九）</td>
59            <td>登高祈福、秋游赏菊、佩插茱萸等</td>
60          </tr>
61          <tr>
62            <td>冬至节</td>
63            <td>（阳历 12 月 21 日至 12 月 23 日）</td>
64            <td>吃年糕、祭祖等</td>
65          </tr>
66          <tr>
67            <td>腊八节</td>
68            <td>（腊月初八）</td>
69            <td>喝腊八粥</td>
70          </tr>
71          <tr>
72            <td>除夕</td>
73            <td>（腊月廿九或三十）</td>
74            <td>贴年红、吃年夜饭、派压岁钱、辞岁、守岁等</td>
75          </tr>
76        </tbody>
77        <!--表格页脚-->
78        <tfoot>
79          <tr>
80            <td colspan="3">传统节日的形成过程，是中华民族历史文化沉淀凝聚的过程。我们不能因为外
国节日的盛行，而忘记中国传统节日的历史意义。</td>
81          </tr>
82        </tfoot>
83      </table>
84    </body>
85  </html>
```

代码在浏览器中的运行效果如图 2-15 所示。从显示效果来说，<thead>、<tbody>和<tfoot>这 3 个标签没有特别显示，加与不加都一样，它们的作用是让表格结构更清晰，可以更方便地分块控制表格样式。

中国传统节日

节日名称	节日时间	节日习俗
春节	（正月初一）	放鞭炮、拜岁、拜年等
元宵节	（正月十五）	赏花灯、吃汤圆、猜灯谜、放烟花等
清明节	（阳历4月5日前后）	扫墓祭祀、缅怀祖先等
端午节	（农历五月初五）	划龙舟、祭龙、放纸龙等
七夕节	（农历七月初七）	夜晚坐看牵牛织女星、访闺中密友、拜祭织女、祈祷姻缘等
中元节	（农历七月十四/十五）	祭祖、放河灯、焚纸锭、祭祀土地等
中秋节	（农历八月十五）	祭月、赏月、吃月饼、玩花灯、赏桂花、饮桂花酒等
重阳节	（农历九月初九）	登高祈福、秋游赏菊、佩插茱萸等
冬至节	（阳历12月21日至12月23日）	吃年糕、祭祖等
腊八节	（腊月初八）	喝腊八粥
除夕	（腊月廿九或三十）	贴年红、吃年夜饭、派压岁钱、辞岁、守岁等
传统节日的形成过程，是中华民族历史文化沉淀凝聚的过程。我们不能因为外国节日的盛行，而忘记中国传统节日的历史意义。		

图 2-15　表格的效果

2.5.3 合并行

设计表格时，对于格式不规则的表格，可以通过合并单元格来调整格式。如果需要将同一列的几个单元格合并，可以在单元格中设置 rowspan 属性，其属性值表示该单元格跨越的行数。

例如，下面 example2-13.html 的代码绘制了一个包含一个跨两行的单元格的表格。

```
1  <!DOCTYPE html>
2  <html>
3    <head>
4      <meta charset="utf-8">
5      <title>合并行</title>
6    </head>
7    <body>
8      <table border="1">
9        <tr>
10         <td rowspan="2">合并行内容</td>
11         <td>内容 1-2</td>
12       </tr>
13       <tr>
14         <td>内容 2-2</td>
15       </tr>
16     </table>
17   </body>
18 </html>
```

代码在浏览器中的运行效果如图 2-16 所示，该表格第 1 行有两个单元格，第 2 行只有一个单元格，第 1 行的第 1 个单元格跨越了两行。

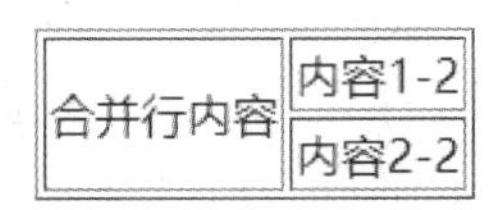

图 2-16 合并行的表格

2.5.4 合并列

如果需要将同一行的几列单元格合并，可以在单元格中设置 colspan 属性，其属性值表示该单元格跨越的列数。

例如，下面 example2-14.html 的代码绘制了一个包含一个横跨两列的单元格的表格。

```
1  <!DOCTYPE html>
2  <html>
3    <head>
4      <meta charset="utf-8">
5      <title>合并列</title>
6    </head>
7    <body>
8      <table border="1">
9        <tr>
10         <th colspan="2">合并列内容</th>
```

```
11        </tr>
12        <tr>
13          <td>第 2 行第 1 列</td>
14          <td>第 2 行第 2 列</td>
15        </tr>
16      </table>
17    </body>
18  </html>
```

代码在浏览器中的运行效果如图 2-17 所示，该表格第 1 行有一个单元格，第 2 行有两个单元格，第 1 行的第 1 个单元格跨越了两列。

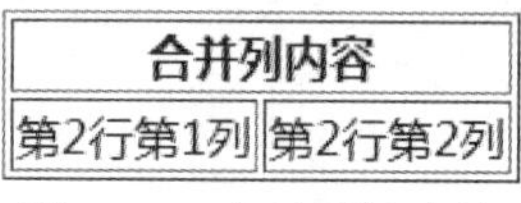

合并列内容	
第2行第1列	第2行第2列

图 2-17　合并列的表格

2.6 表单标签

表单是实现网页与用户交互的重要元素，用于收集不同类型的用户所输入的信息。例如注册账号、登录账号、发表评论、进行网上交易等都需要使用表单。

2.6.1 <form>标签

<form>标签用于在网页中创建供用户输入信息的 HTML 表单。表单中通常包含的表单元素有输入框、按钮、下拉列表、文本域等，这些表单元素都要写在<form> </form>之间。<form>标签的基本语法格式如下所示。

```
<form method="传送方式" action="服务器文件"> </form>
```

<form>标签中的 method 属性用于指定传送表单数据的方式，取值有 get 和 post 两种。默认的 HTTP 传送方式是 get。使用 get 传送方式后，可以从浏览器的地址栏看到传输参数。例如使用 get 传送方式提交用户输入的用户名“11990”和密码“123456”后会发现，浏览器的地址栏中出现用户名和密码信息，如图 2-18 所示。post 传送方式提交的数据不会直接出现在浏览器的地址栏中，因此对于一些重要、私密的数据来说，get 传送方式的安全性较差，post 传送方式的安全性较好。所以推荐使用 post 传送方式。

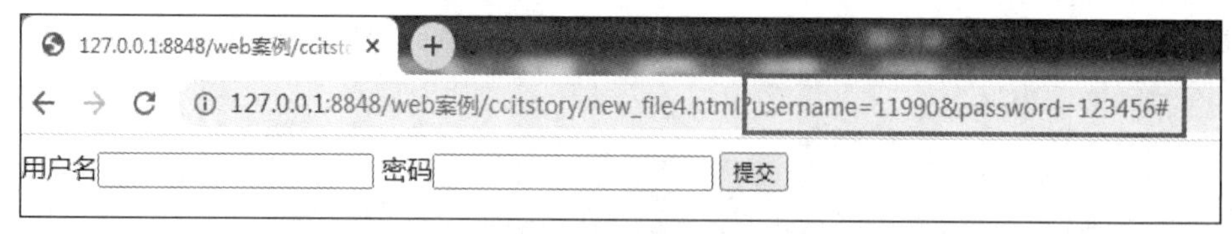

图 2-18　使用 get 传送方式提交用户名和密码的效果

小贴士

一定要有强烈的信息安全意识。网络就是“战场”，“注入病毒”和“窃取信息”的“敌人”无处不在。在网页中传输涉及个人或公司内部私密信息和数据等内容时，一定要保证传输方式是安全的，否则会使信息更容易被窃取或篡改，从而泄密，造成不必要的损失。

<form>标签的 action 属性用于指定用户输入信息被传送到哪个地址处理，这里的地址一般使用相对路径。例如，下面的代码将表单数据使用 post 传送方式提交到一个 PHP 页面 save.php 中处理。

```
<form method="post" action="save.php"> </form>
```

2.6.2 输入标签

输入标签<input/>是最重要的表单标签，其基本语法格式如下所示。

```
<input type="控件类型" />
```

<input/>标签是单标签，用来声明允许用户输入信息的输入控件。输入控件的类型有多种，具体取决于<input/>标签的 type 属性值。不同的 type 属性值对应不同类型的输入控件。常用的输入控件的类型如表 2-4 所示。

表 2-4 <input/>标签的常用 type 属性值

type 属性值	输入控件类型	常见案例的效果
text	单行文本输入框	用户名：yzy
password	密码输入框	密码：••••••
radio	单选框	性别：◉女 ○男
checkbox	复选框	□青年志愿者 □医疗志愿者 □文化志愿者
reset	重置按钮	重置
submit	提交按钮	提交
file	上传文件组件	选择文件 未选择任何文件
date	日期选择器	年 /月/日

<input/>标签的 type 属性是其最基本的属性。除了 type 属性，<input/>标签还有其他的属性，常用属性如表 2-5 所示。

表 2-5 <input/>标签除 type 属性外的常用属性

属性	属性值	描述
name	用户自己定义	指定 input 元素的名称
value	用户自己定义	指定 input 元素的值，可以被表单提交
size	正整数	指定 input 元素在页面中显示的宽度
checked	checked	定义默认被选中的项
readonly	readonly	定义内容为只读，不能被修改
maxlength	正整数	允许输入的最多字符数
placeholder	用户自己定义	为一个输入框提供提示信息
autofocus	autofocus	规定当页面加载时，input 元素自动获得焦点
required	required	若使用该属性，则字段是必填（或必选）的

name 属性用于指定 input 元素的名称。当输入控件类型是单选按钮，即 type="radio" 时，需要特别注意 name 属性值的设置。同属于一组的单选按钮应该设置相同的 name 属性

值，否则单选的效果就不正确了。

value 属性用于指定 input 元素的值，可以被表单提交。注意对于不同的输入类型，value 属性的用法不同。当 type 属性值为 reset 或 submit 时，value 属性值定义按钮上显示的文本；当 type 属性值为 checkbox 或 radio 时，value 属性值定义与输入相关联的值；当 type 属性值为 text 或 password 时，value 属性值定义输入字段的初始值。

placeholder 属性用于设置可描述一个输入框字段预期值的提示信息。该提示会在输入字段为空时显示，并会在字段获得焦点时消失。placeholder 属性值在输入框中只充当占位符的角色，只有 value 属性值为空的时候其属性值才会显示出来，它本身并不是 value，其属性值也不会被表单提交。

required 属性用于判断用户是否在表单输入框中输入了内容，当表单内容为空时，不允许用户提交表单。

接下来通过案例 example2-15.html 演示<input />标签常用属性的用法和效果。

```
1  <!DOCTYPE html>
2  <html>
3    <head>
4      <meta charset="utf-8">
5      <title>调查问卷 1</title>
6    </head>
7    <body>
8      <h3>问卷调查</h3>
9      <form action="save.php" method="post">
10       年龄：<input type="text" placeholder="填写周岁年龄" required="required" /><br />
11       性别：<input type="radio" name="sex" value="男" checked="checked" /> 男
12       <input type="radio" name="sex" value="女" /> 女<br />
13       特长：<input type="checkbox" value="绘画" />绘画
14       <input type="checkbox" value="唱歌" />唱歌
15       <input type="checkbox" value="跳舞" />跳舞
16       <input type="checkbox" value="书法" />书法
17       <input type="checkbox" value="乐器" />乐器
18       <input type="checkbox" value="无" />无<br />
19       <input type="submit" />
20       <input type="reset" value="重新填写" />
21     </form>
22   </body>
23 </html>
```

上面的代码实现了一个简单的问卷调查表单，代码在浏览器中的运行效果如图 2-19 所示。

这个例子通过对<input />标签应用不同的 type 属性值，定义了不同类型的输入控件，并对其中的一些控件应用了<input />标签的其他可选属性。例如在第 10 行代码中，年龄使用单行文本框实现，设置 placeholder 属性值为“填写周岁年龄”，因此“填写周岁年龄”成为该文本框的预设提示信息。同时指定了 required 属性，当输入框内容为空时，单击“提交”按钮，将会出现“请填写此字段。”提示信息，效果如图 2-20 所示，因此用户必须在

“年龄”文本框中输入内容后才能提交表单。在第 11、12 行代码中，性别使用单选按钮实现，两个单选按钮设置了相同的 name 属性值 sex，value 属性值分别设置为“男”和“女”，表示与选择相关联的值，其中“男”单选按钮设置了 checked 属性，默认处于选中状态。重置按钮的 value 属性值设置为“重新填写”，因此按钮上显示的文本为“重新填写”。

图 2-19 简单的问卷调查表单

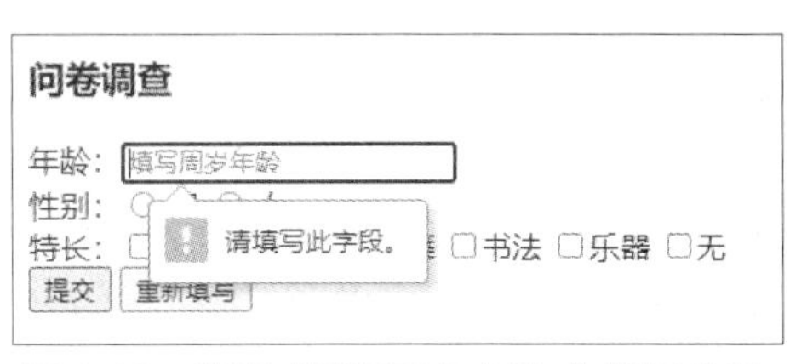

图 2-20 出现“请填写此字段。”提示信息

在实际应用中，<input />标签常常会与<label/>标签一起使用，以扩大控件的选择范围，从而提供更好的用户体验。<label>标签不会向用户呈现任何特殊效果，但当用户选择该标签元素时，浏览器会自动将焦点转到和该标签相关的表单控件上。使用方法是，为<label/>标签的 for 属性与相关<input />标签的 id 属性设置相同的属性值。

例如，在上例中添加<label>标签，代码如下面的 example2-16.html 所示。

```
1  <!DOCTYPE html>
2  <html>
3    <head>
4      <meta charset="utf-8">
5      <title>问卷调查 2</title>
6    </head>
7    <body>
8      <h3>问卷调查</h3>
9      <form action="save.php" method="post">
10       <label for="age">年龄: </label><input type="text" placeholder="填写周岁年龄"
required="required" id="age" /><br />
11       性别: <input type="radio" name="sex" value="男" id="man"Checked="checked"/>
<label for="man">男</label>
12       <input type="radio" name="sex" value="女" id="woman" /> <label for="woman">女
</label><br />
13       特长: <input type="checkbox" value="绘画" id="painting" /><label for="painting">
绘画</label>
14       <input type="checkbox" value="唱歌" id="sing" /><label for="sing">唱歌</label>
15       <input type="checkbox" value="跳舞" id="dance" /><label for="dance">跳舞</label>
16       <input type="checkbox" value="书法" id="write" /><label for="write">书法</label>
17       <input type="checkbox" value="乐器" id="music" /><label for="music">乐器</label>
18       <input type="checkbox" value="无" id="nothing" /><label for="nothing">无
</label><br />
19       <input type="submit" />
20       <input type="reset" value="重新填写" />
21     </form>
22   </body>
23 </html>
```

代码在浏览器中的运行效果与图 2-19 所示相同，但此时单击表单的体验不同。该例中，使用<label/>标签包含表单中的提示信息，并且将 for 属性值设置为相应表单控件的 id 属性值。这样，<label/>标签包含的提示信息就绑定到对应的表单控件上。当单击<label/>标签中内容时，相应的表单控件就会被选中。对比原来代码的效果（需要单击表单控件才能选中表单控件），用户体验得到了很大的提升。

2.6.3 下拉列表标签

将<select>标签与<option>标签一起使用，可以定义下拉列表。<select>标签用于定义一个下拉列表框，<option>标签用于定义其中每一个可选项。

<select>标签的 size 属性用于指定下拉列表中可见选项的数目。

<select>标签的 multiple 属性用于指定是否允许选择多个选项。

<option>标签的 selected 属性用于指定选项是否默认选中。

例如，下面 example2-17.html 的代码定义了一个下拉列表，其中第二个选项默认处于选中状态。

```
1  <!DOCTYPE html>
2  <html>
3    <head>
4      <meta charset="utf-8">
5      <title>下拉列表标签</title>
6    </head>
7    <body>
8      <form action="save.php" method="post">
9        <select name="tea">
10         <option value="green tea">绿茶</option>
11         <option value="black tea" selected>红茶</option>
12         <option value="white tea">白茶</option>
13         <option value="scented tea">花茶</option>
14       </select>
15     </form>
16   </body>
17 </html>
```

代码在浏览器中的运行效果如图 2-21 所示。

图 2-21　下拉列表的效果

2.6.4　文本域标签

前文介绍的单行文本框，只能输入一行文本。而网页中有时需要输入多行文本，这就需要使用文本域。文本域也称多行文本输入框。HTML 使用<textarea>标签表示一个文本域，文本域可容纳无限数量的文本，并且在输入文本的过程中会根据文本域的宽度自动换行。其基本语法格式如下所示。

```
<textarea rows="行数" cols="列数"> </textarea>
```

文本域的默认显示文本可以在标签对的内部设置，文本域的大小可以通过 cols 和 rows 属性来设置，不过更好的方法是学习了 CSS 后使用 CSS 样式属性来控制。

例如，下面 example2-18.html 的代码定义了一个文本域。

```
1  <!DOCTYPE html>
2  <html>
3    <head>
4      <meta charset="utf-8">
5      <title>文本域</title>
6    </head>
7    <body>
8      <h3>个人简介</h3>
9      <form action="save.php" method="post">
10       <textarea rows="10" cols="50">请简单介绍一下你自己</textarea>
11     </form>
12   </body>
13 </html>
```

代码在浏览器中的运行效果如图 2-22 所示。

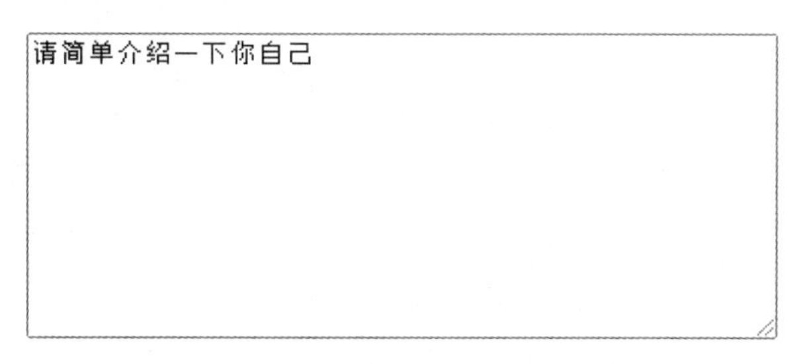

图 2-22　文本域的效果

任务实现

根据任务描述，可以按以下步骤来完成任务。

1. 新建网页文件

在 HBuilderX 中打开前面创建的项目 Dudaweb，新建 HTML 文件并命名为 register. html。

2. 分析网页效果并搭建 HTML 结构

观察并分析注册表单网页的效果，可以看出该网页中表单数据信息排列得非常整齐，如果使用边框线将内容划分，即呈现出一个表格的效果，如图 2-23 所示。

因此，对于该任务，可以先使用表格进行布局，通过<table>标签搭建基础结构，然后在对应的单元格中添加表单元素。当然，如果使用标签非常熟练，则也可以从上往下、一行行地实现表格和相应的表单元素。

会员注册

账号信息	
*用户名：	由字母组成，3~2位
*密码：	密码由字母开头，6~18位
*确认密码：	密码由字母开头，6~18位
*电子邮箱：	
个人基本信息	
*国家/地区：	中国
*真实姓名：	
*证件类型：	中国居民身份证
*证件号码：	
*性别：	◉女 ○男
*出生日期：	年 /月/日
*服务区域：	
服务类别：	□环保志愿者 □医疗志愿者 □文化志愿者
	□社区志愿者 □教育志愿者 □扶贫志愿者
申请成为会员	

图 2-23　表单布局结构

先通过表格标签搭建基础布局结构。代码如下所示。

```
1  <!DOCTYPE html>
2  <html>
3    <head>
4      <meta charset="utf-8">
5      <title></title>
6    </head>
7    <body>
8      <h2>会员注册</h2>
9      <table border="1">
10       <tr>
11         <td colspan="2">账号信息</td>
12       </tr>
13       <tr>
14         <td>*用户名：</td>
15         <td></td>
16       </tr>
17       <tr>
18         <td>*密码：</td>
19         <td></td>
20       </tr>
21       <tr>
22         <td>*确认密码：</td>
23         <td></td>
24       </tr>
25       <tr>
26         <td>*电子邮箱：</td>
27         <td></td>
28       </tr>
```

```
29        <tr>
30          <td colspan="2">个人基本信息</td>
31        </tr>
32        <tr>
33          <td>*国家/地区：</td>
34          <td></td>
35        </tr>
36        <tr>
37          <td>*真实姓名：</td>
38          <td></td>
39        </tr>
40        <tr>
41          <td>*证件类型：</td>
42          <td></td>
43        </tr>
44        <tr>
45          <td>*证件号码：</td>
46          <td></td>
47        </tr>
48        <tr>
49          <td>*性别：</td>
50          <td></td>
51        </tr>
52        <tr>
53          <td>*出生日期：</td>
54          <td></td>
55        </tr>
56        <tr>
57          <td>*服务区域：</td>
58          <td></td>
59        </tr>
60        <tr>
61          <td rowspan="2">服务类别：</td>
62          <td></td>
63        </tr>
64        <tr>
65          <td></td>
66        </tr>
67        <tr>
68          <td colspan="2"> </td>
69        </tr>
70      </table>
71    </body>
72  </html>
```

代码在浏览器中的运行效果如图 2-24 所示。

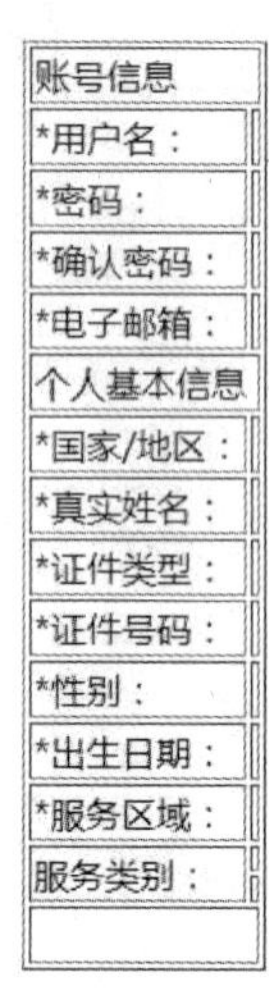

图 2-24　表格标签搭建基础布局结构的效果

表格布局结构搭建好后，在对应的单元格中添加表单元素。完整结构代码 register.html 如下所示。

```
1  <!DOCTYPE html>
2  <html>
3    <head>
4      <meta charset="utf-8">
5      <title>会员注册</title>
6    </head>
7    <body>
8      <h2>会员注册</h2>
9      <form action="#" method="get">
10       <table border="1">
11         <tr>
12           <td colspan="2">
13             账号信息
14           </td>
15         </tr>
16         <tr>
17           <td>*用户名：</td>
18           <td><input type="text" placeholder="由字母组成，3～12 位" /></td>
19         </tr>
20         <tr>
21           <td>*密码：</td>
22           <td><input type="password" placeholder="密码由字母开头，6～18 位" /></td>
23         </tr>
24         <tr>
25           <td>*确认密码：</td>
26           <td><input type="password" placeholder="密码由字母开头，6～18 位" /></td>
27         </tr>
28         <tr>
29           <td>*电子邮箱：</td>
```

```
30          <td><input type="email" /></td>
31        </tr>
32        <tr>
33          <td colspan="2">
34            个人基本信息
35          </td>
36        </tr>
37        <tr>
38          <td>*国家/地区：</td>
39          <td><select name="ad_nationality">
40              <option value="中国" selected>中国</option>
41              <option value="俄罗斯">俄罗斯</option>
42              <option value="巴基斯坦">巴基斯坦</option>
43              <option value="英国">英国</option>
44              <option value="美国">美国</option>
45            </select></td>
46        </tr>
47        <tr>
48          <td>*真实姓名：</td>
49          <td><input type="text" /></td>
50        </tr>
51        <tr>
52          <td>*证件类型：</td>
53          <td>
54            <select name="ad_cert_type">
55              <option value="中国居民身份证" selected>中国居民身份证</option>
56              <option value="护照">护照</option>
57            </select>
58          </td>
59        </tr>
60        <tr>
61          <td>*证件号码：</td>
62          <td><input type="text" /></td>
63        </tr>
64        <tr>
65          <td>*性别：</td>
66          <td>
67            <input type="radio" name="gender" value="0" checked="checked" />女
68            <input type="radio" name="gender" value="1" />男
69          </td>
70        </tr>
71        <tr>
72          <td>*出生日期：</td>
73          <td><input type="date" /></td>
74        </tr>
75        <tr>
76          <td>*服务区域：</td>
77          <td><input type="text" /></td>
78        </tr>
79        <tr>
```

```
80          <td rowspan="2">服务类别：</td>
81          <td>
82            <input type="checkbox" value="环保志愿者" />环保志愿者
83            <input type="checkbox" value="医疗志愿者" />医疗志愿者
84            <input type="checkbox" value="文化志愿者" />文化志愿者
85          </td>
86        </tr>
87        <tr>
88          <td>
89            <input type="checkbox" value="社区志愿者" />社区志愿者
90            <input type="checkbox" value="教育志愿者" />教育志愿者
91            <input type="checkbox" value="扶贫志愿者" />扶贫志愿者
92          </td>
93        </tr>
94        <tr>
95          <td colspan="2">
96            <input type="submit" value="申请成为会员" />
97          </td>
98        </tr>
99      </table>
100     </form>
101   </body>
102 </html>
```

该代码在<table>标签中定义了 border 属性值为 1，是为了更清楚地显示一个表格的结构。本任务的最终效果是不需要显示表格边框的，将 border 属性设置删除即可。最终网页效果如图 2-13（a）所示。

单元小结

本单元通过图文混排网页、新闻列表、注册表单 3 个任务，介绍了 HTML5 常用的文本控制标签、图像标签、超链接标签、列表标签、表格标签和表单标签的使用方法。通过对本单元的学习，读者可以掌握 HTML5 的常用标签的使用方法。

思考练习

一、单选题

1. 下列选项中，定义标题最合理的方法是（　　）。

   A. <span class="heading">文章标题</span>

   B. <p><b>文章标题</b></p>

   C. <h1>文章标题</h1>

   D. <strong>文章标题</strong>

2. 设置强调文本并且字体表现形式为斜体需要使用（　　）标签。

   A. <b>　　B. <strong>　　C. <em>　　D. <i>

3. 在网页中可以显示特殊字符，如果要输入空格，应使用（　　）。

   A. nbsp;　　B. 　　C. 　　D.

4. 在 HTML5 中，用（　　）来表示特殊字符“<”。

A. <　　B. >　　C. &　　D. ¥

5. 下列选项中，表示下标的是（　　）。

A. 　　B.

C. <top></top>　　D. <body></body>

6. 若要在页面中创建一个图片超链接，要显示的图形为 myhome.jpg，所链接的地址为“http://www.pcnet***.com”，则下列用法中正确的是（　　）。

A. <a href="http://www.pcnet***.com">myhome.jpg</a>

B. <img src="myhome.jpg" /><a href=http://www.pcnet***.com></a>

C. <a href="http://www.pcnet***.com"><img src="myhome.jpg" /></a>

D. <a href=http://www.pcnet***.com><img src="myhome.jpg" />

7. 本地站点中有如下两个文件

G：\site\other\index.html

G：\site\web\article\01.gif

若要在 index.html 中插入图片 01.gif，则正确的链接路径应该是（　　）。

A. src="01.gif"　　B. src="web/article/01.gif"

C. src="../web/article/01.gif"　　D. src="../../web/article/01.html"

8. 关于下列 HTML 代码片段，说法错误的是（　　）。

```
<img title="香喷喷" alt="可乐鸡翅" src="images/chicken.jpg" />
```

A. alt 属性指定替代文本，title 属性可以提供额外的提示或帮助信息

B. 将鼠标指针移至图片位置则显示“香喷喷”

C. 当图片路径错误或网速太慢时，图片位置会显示“可乐鸡翅”

D. 有语法错误，什么也不显示

9. 关于下列 HTML 代码，说法错误的是（　　）。

```
<a href="index.html" target="_blank">首页</a>
```

A. 此标签用来创建一个超链接　　B. 目标网页在当前窗口中打开

C. 超链接的链接地址是 index.html　　D. 超链接文字是“首页”

10. <td>标签表示的是（　　）。

A. 表格的一行　　B. 表格的一列

C. 表格的一个单元格　　D. 表格的标题

11. 下列标签中，用于在表单中构建复选框的是（　　）。

A. <input type="text"/>　　B. <input type="radio"/>

C. <input type="checkbox"/>　　D. <input type="password"/>

12. 下列标签中，用于设置表格标题的是（　　）。

A. <title>　　B. <caption>　　C. <head>　　D. <html>

13. 下列各项中，是 HTML 表单标签的是（　　）。

A. <td>　　B. <table>　　C. <from>　　D. <form>

14. 下列用于定义一个可输入多行文本的文本域的标签是（　　）。

A. <select>　　B. <textarea>　　C. <input>　　D. <body>

15. 用于定义带有数字符号的列表的标签是（　　）。

A. <ul>　　B. <dl>　　C. <ol>　　D. <list>

二、实践操作题

1. 编写 HTML 代码，实现一个简单的图文混排网页，效果如图 2-25 所示。

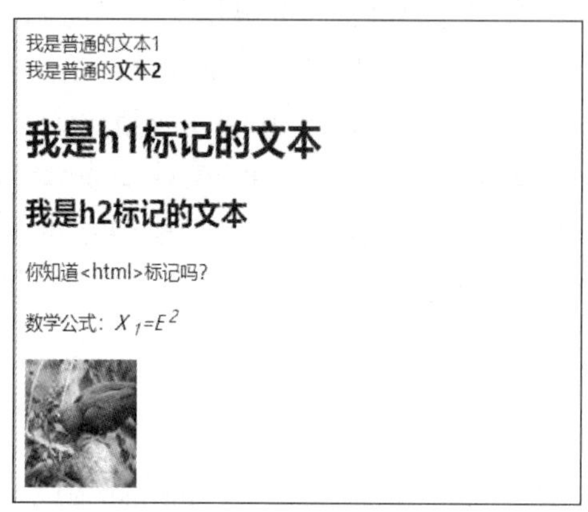

图 2-25　简单图文混排网页

2. 编写 HTML 代码，实现图 2-26 所示的表格效果。

红烧牛肉面营养成分表

项目	面饼		调味包	
	每份（82.5克）	营养参考值	每份（25.5克）	营养参考值
能量	1666千焦	20%	536千焦	6%
蛋白质	7.2克	12%	2.8克	6%
脂肪	17克	28%	10.4克	17%
碳水化合物	53.8克	18%	6.1克	2%
钠	705毫克	35%	1615毫克	81%

图 2-26　表格效果

单元 3　元素分类与语义化标签

HTML5 的精髓在于标签的语义。要使用恰当的标签来表示网页的内容。理解和掌握元素分类和语义化标签的使用方法可以使代码结构更加清晰明确，是正确使用 HTML5 构建网页的基础。本单元将通过一个典型任务，介绍使用 HTML5 语义化标签搭建网页结构的方法。

学习目标

★ 熟悉元素的类型。

★ 理解 HTML 标签语义化。

★ 掌握 HTML5 常用语义化标签的使用方法。

任务　使用语义化标签搭建公司简介网页的 HTML 结构

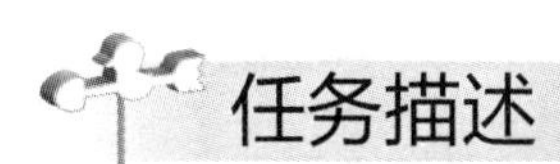

任务描述

分析公司简介网页的效果。公司简介网页如图 3-1（a）所示，使用语义化标签搭建该网页的 HTML 结构。本任务仅要求搭建公司简介网页的 HTML 结构，不涉及 CSS 样式。任务完成后，网页的效果如图 3-1（b）所示。

（a）添加 CSS 样式后的效果

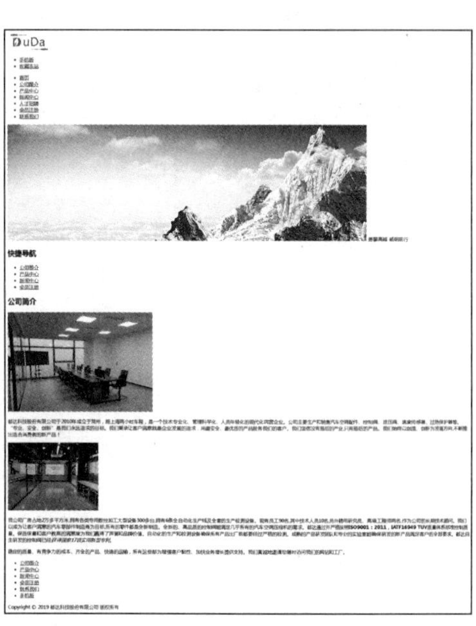

（b）未添加 CSS 样式的效果

图 3-1　公司简介网页

前导知识

3.1 <div>标签和<span>标签

在网页制作过程中，为了方便对 CSS 样式的控制，需要对网页内容进行划分。<div>标签和<span>标签就是用来划分区域的，它们相当于一个容器，是用来装内容的。它们一般配合 class 属性使用，用于定义网页中某些特定的样式。

下面我们来对比两段代码。

第一段代码 example3-1.html 如下所示。

```
1  <!DOCTYPE html>
2  <html>
3    <head>
4      <meta charset="utf-8">
5      <title></title>
6    </head>
7    <body>
8      <h3>公共通知 </h3>
9      <ul>
10       <li>软考报名通知</li>
11       <li>四六级报名通知</li>
12       <li>寒假放假通知</li>
13     </ul>
14     <h3>新闻动态</h3>
15     <ul>
16       <li>我院被评为科研先进集体</li>
17       <li>我院开展招生研讨会</li>
18       <li>我院召开课程思政启动会</li>
19     </ul>
20   </body>
21 </html>
```

第二段代码 example3-2.html 如下所示。

```
1  <!DOCTYPE html>
2  <html>
3    <head>
4      <meta charset="utf-8">
5      <title></title>
6    </head>
7    <body>
8      <div class="notice">
9        <h3>公共通知 </h3>
10       <ul>
11         <li>软考报名通知</li>
12         <li>四六级报名通知</li>
13         <li>寒假放假通知</li>
```

```
14         </ul>
15       </div>
16       <div class="news">
17         <h3>新闻动态</h3>
18         <ul>
19           <li>我院被评为科研先进集体</li>
20           <li>我院开展招生研讨会</li>
21           <li>我院召开课程思政启动会</li>
22         </ul>
23       </div>
24     </body>
25   </html>
```

这两段代码的运行效果是一样的，如图 3-2 所示。但第二段代码使用了<div>标签来划分区域，使得代码结构更清晰，更具有逻辑性，此后使用 CSS 对不同区域进行样式控制会更加方便。对于这一点，大家学完 CSS 就会有所体会。

公共通知

- 软考报名通知
- 四六级报名通知
- 寒假放假通知

新闻动态

- 我院被评为科研先进集体
- 我院开展招生研讨会
- 我院召开课程思政启动会

图 3-2　两段代码相同的运行效果

<div>标签可以用来划分比较大的区域，它的内部可以放入任何其他标签。<span>标签可以用来划分一个小的区域，它的内部一般只包含文本，不放其他标签。例如想把<p>标签的“一段文本”中的“一段”两个字设置成红色或者将字号设置得大一些，就可以用<span>标签划分出一个小区域，再配合 class 属性来实现。代码如下所示。

```
<p>这是<span class="red">一段</span>文本</p>
```

3.2 元素分类

扫码观看视频

块级元素和行内元素是搭建 HTML 结构时需要搞清楚的重要概念。HTML 标签的开始标签到结束标签的所有代码称为 HTML 的元素。例如，<p>是一个标签，“<p>这里是内容</p>”就是一个元素。一个完整的 HTML 网页是由众多不同的 HTML 元素组成的。元素虽多，但总体可以分为块级元素和行内元素两大类，每种类型的元素有着各自的特点。

什么是块级元素？

块级元素在浏览器中显示时会独占一行，不与其他元素在同一行显示。块级元素的内部可以容纳其他块级元素和行内元素。常见的块级元素标签有<div>、<p>、<h1>～<h6>、<form>、<ul>和<li>等。

那什么是行内元素呢？

行内元素与块级元素相反，行内元素可以与其他行内元素在同一行显示。行内元素的内部可以容纳其他行内元素，但不可以容纳块级元素。常见的行内元素标签有<strong>、<em>、<a>、<img>和<span>。

下面来看一个具体的例子，example3-3.html 的代码如下所示。

```
1  <!DOCTYPE html>
2  <html>
3    <head>
```

```
4      <meta charset="utf-8">
5      <title></title>
6    </head>
7    <body>
8      <div>
9        <h2>这是一个标题</h2>
10       <p>这是<span>一段</span>文本</p>
11       <strong>这是加粗强调的文本</strong>
12       <em>这是斜体强调的文本</em>
13     </div>
14   </body>
15 </html>
```

代码在浏览器中的运行效果如图 3-3 所示。此例的效果分析如图 3-4 所示。

图 3-3　使用行内元素和块级元素的效果

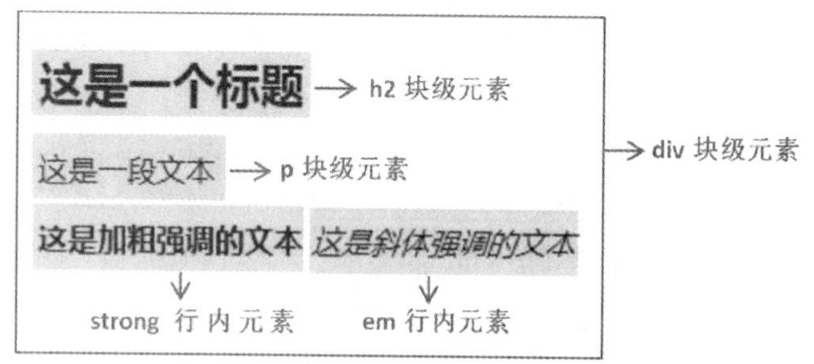

图 3-4　行内元素和块级元素效果分析

<h2>和<p>是块级元素标签，它们的内容的显示效果是独占一行；<strong>和<em>是行内元素标签，代码中它们的内容不位于同一行，但它们显示时位于同一行；<h2>、<p>、<strong>和<em>这 4 个标签都在<div>标签的内部，说明块级元素的内部可以容纳其他块级元素和行内元素。

由此可以总结出块级元素和行内元素的特点。

1. 块级元素的特点

（1）块级元素单独占一整行或者多整行，通常用于大布局（大结构）的搭建。

（2）块级元素内部可以容纳其他块级元素和行内元素。

2. 行内元素的特点

（1）行内元素可以与其他行内元素在同一行显示。

（2）行内元素内部可以容纳其他行内元素，但不可以容纳块级元素。

搭建 HTML 结构时，应考虑块级元素与行内元素的特点，遵循它们的嵌套规则。

3.3 HTML 语义化

搭建 HTML 结构时，除了要考虑元素的分类，更重要的是要把每个标签的语义理解清楚，要在需要的地方使用恰当的语义化标签。前面已经介绍了很多 HTML 标签，大家会发现，用某一个标签来替代另一个标签完全可以实现相同的效果。例如下面 example3-4.html 的代码所示。

```
1  <!DOCTYPE html>
2  <html>
3    <head>
4      <meta charset="utf-8">
5      <title></title>
6    </head>
7    <body>
8      <strong>公共通知 </strong>
9      <div>1.软考报名通知</div>
10     <div>2.四六级报名通知</div>
11     <div>3.寒假放假通知</div>
12   </body>
13 </html>
```

代码在浏览器中的运行效果如图 3-5 所示。从运行效果来看，这和使用有序列表标签实现的列表差不多，但这里使用了无语义的<div>标签，这样就违背了开发 HTML 的目的。

公共通知

1.软考报名通知
2.四六级报名通知
3.寒假放假通知

图 3-5 使用<div>标签实现的列表效果

开发 HTML 的目的是结构化信息、描述文档的外观和语义。大家要理解每个标签的语义，明白在什么情况下使用什么标签最合理。例如，文章的标题就应该使用标题标签，网页上的各个栏目的名称也可以使用标题标签，文章中的段落就应该放在段落标签中。<div>标签和<span>标签是无语义的标签。如果整个网页全部使用<div>标签和<span>标签来实现，代码看起来就非常混乱，可读性很差。使用语义化标签可以使网页更容易被搜索引擎收录，更容易让屏幕阅读器读出网页内容。

小贴士

"不忘初心，方得始终。"不管做什么事情，我们必须清楚并坚持自己的初衷，最终才会最大程度地实现自己的心愿。

3.4 HTML5 中常用语义化结构标签

扫码观看视频

一般网页的结构都会包含网页头部、导航栏、网页横幅、网页主体内容和网页底部等，如图 3-6 所示。在过去开发网页时，程序员一般使用<div>标签来组织网页整体结构。HTML 代码如下所示。

```
1  <div class="header">…</div> <!-- 网页头部 -->
2  <div class="nav">…</div> <!-- 导航栏 -->
3  <div class="banner">…</div> <!-- 网页横幅 -->
4  <div class="main">…</div> <!-- 网页主体内容 -->
5  <div class="footer">…</div> <!-- 网页底部 -->
```

HTML5 标准提供了定义页面不同部分的语义化结构标签，常见的如表 3-1 所示。这些语义化结构标签代替大量无语义的<div>标签，减少了供 CSS 调用的 class 属性和 id 属性，从而使代码看起来更加简洁，页面的层次和逻辑更加清晰。

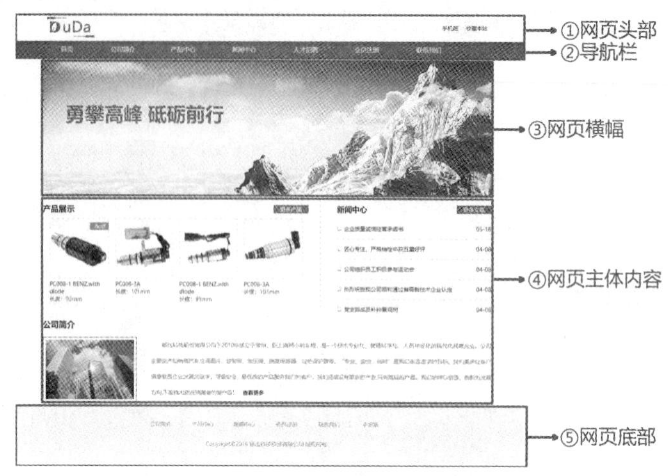

图 3-6　网页整体结构图

表 3-1　常见的 HTML5 语义化结构标签

标签	说明
<header>	定义网页的头部区域
<nav>	定义网页的导航链接区域
<main>	规定网页的主体内容
<section>	定义网页中的一个内容区块
<article>	定义网页中独立的内容区块
<aside>	定义网页主区域内容之外的内容（如侧边栏）
<footer>	定义网页的底部区域

3.4.1　<header>标签

<header>标签描述网页的头部区域，通常用来放置整个页面或页面内一个内容区块的标题、logo 图片、搜索表单等内容，例如图 3-6 中的①区域。一个网页可以拥有多个<header>标签，但要注意<header>标签不能放在<footer>标签或者另一个<header>标签的内部。

3.4.2　<nav>标签

<nav>标签定义导航链接的部分，一般用于网站导航布局，例如图 3-6 中的②区域。注意并不是网页中的所有导航链接都应该放在<nav>标签中，通常只把一个网页中的主要导航链接放在<nav>标签中。在文章页面中，<nav>标签还可以用来做目录的超链接。

3.4.3　<main>标签

<main>标签定义网页的主要内容，该内容在网页中应当是独一无二的，不包含任何在网页中重复的内容，如侧边栏、导航栏、版权信息、网站 Logo 和搜索框（除非搜索框作为网页的主要功能），例如图 3-6 中的④区域。在一个 HTML 文件中，不能出现一个以上的<main>标签。<main>标签不能嵌入<article>、<aside>、<footer>、<header>、<nav>等标签中。

3.4.4　<section>标签

<section>标签定义网页中的内容区块，即对页面上的内容进行分块，用于组合一些与主题相关的内容。一个 section 元素通常由标题及其对应的内容组成，如图 3-7 所示。

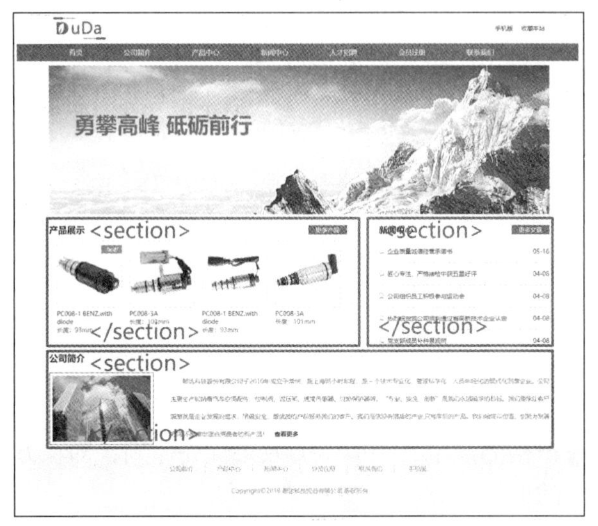

图 3-7　网页中的 section 元素

3.4.5　<article>标签

<article>标签定义独立的、完整的相关内容区块。<article>标签中的内容可独立于网页中的其他内容使用，例如图 3-8 中的①区域，它可以是博客文章、新闻文章、论坛帖子、网友评论等独立的内容。<article>标签内可以嵌套其他标签，它可以有自己的头部、尾部和主体内容。使用时要特别注意内容的独立性，一般对独立完整的内容才使用<article>标签，如果不是独立完整的内容，一般使用<section>标签。

图 3-8　网页中的 article 元素和 aside 元素

3.4.6　<aside>标签

<aside>标签定义网页主区域内容之外的内容，通常表现为侧边栏或嵌入内容，例如图 3-8 中的②区域。

3.4.7 <footer>标签

<footer>标签用于定义网页的一个区域或整个文档的页脚。页脚通常包含文档的作者、版权信息、联系方式等，例如图 3-6 中的⑤区域。

划分网页结构时，如果以上 HTML5 语义化结构标签都不符合语义或者语义不明确，则可以使用<div>标签，例如图 3-6 中的③区域。

了解了 HTML5 的语义化结构标签，再来分析图 3-6 所示的页面整体结构，可以使用如下 HTML 代码实现。

```
1  <header>…</header> <!-- 网页头部 -->
2  <nav>…</nav> <!-- 导航栏 -->
3  <div class="banner">…</div> <!-- 网页横幅 -->
4  <main>…</main>  <!-- 网页主体内容 -->
5  <footer>…</footer>  <!-- 网页底部 -->
```

需要注意的是，因为每个人对网页内容的理解不同，所以对于同样的页面，不同的人可能会使用不同的标签表示。上例中给出的代码结构只是其中一种方法。在实际开发中，标签的使用规则并没有严格的规定，一般遵循效果优先原则，即在方便实现网页效果的前提下，尽量使用有语义的标签。

3.5 网页模块的命名规范

划分网页结构时，无论是使用 HTML5 语义化结构标签，还是使用<div>标签，如果不同的模块使用了相同标签，一般需要通过标签的 id 属性或 class 属性为模块命名，以区分不同的模块和方便定义不同的 CSS 样式。很多初学者对于标签的 id 属性或 class 属性不知道应该如何去命名，经常会用 a1、a2 这类很不规范的词语命名。这样不但会让其他人无法看懂你的代码，而且会让自己陷入混乱，在之后的修改过程中会遇到很多麻烦。因此掌握网页模块的命名规范非常重要。通常网页模块的命名需要遵循以下几个原则。

（1）避免使用中文字符命名（例如 class="导航栏"）。

（2）不能以数字开头命名（例如 class="1nav"）。

（3）不能使用空格（例如 class="n av"）。

（4）尽量用最少的字母表达出最容易让人理解的意义。

下面列举网页模块常用的一些名称，如表 3-2 所示。

表 3-2　网页模块常用的名称

相关模块	名称	相关模块	名称
头部	header	内容	content/container
导航栏	nav	底部	footer
侧边栏	sidebar	栏目	column
左边、右边、中间	left、right、center	登录条	loginbar
标志	logo	广告	banner
页面主体	main	热点	hot

续表

相关模块	名称	相关模块	名称
新闻	news	下载	download
子导航	subnav	菜单	menu
子菜单	submenu	搜索	search
友情链接	friendlink	版权	copyright
滚动	scroll	标签页	tab
文章列表	list	提示信息	msg
小技巧	tips	栏目标题	title
加入	joinus	指南	guild
服务	service	注册	register
状态	status	投票	vote
合作伙伴	partner	—	—

小贴士

良好的命名规范可以为团队合作开发网站提供帮助，在网站开发和网站维护方面都能起到至关重要的作用。命名规范是一种约定，也是程序员之间进行良好沟通的桥梁。

任务实现

扫码观看视频

根据任务描述，可以按以下步骤来完成任务。

1. 搭建网页的整体框架

从图 3-1（a）可以看出整个页面分为网页头部、导航栏、网页横幅、网页主体内容和网页底部五大块。整体框架如图 3-9 所示。

图 3-9　网页的整体框架

使用 HTML5 语义化结构标签搭建网页整体框架的 HTML 代码如下所示。

```
1  <body>
2  <header> </header> <!-- 网页头部 -->
```

```
3 <nav> </nav> <!-- 导航栏 -->
4 <div class="banner"> </div> <!-- 网页横幅 -->
5 <section> </section>  <!-- 网页主体内容 -->
6 <footer> </footer>  <!-- 网页底部 -->
7 </body>
```

2. 编写网页头部的代码

网页头部分为左、右两个区域。可以使用 class 属性为 logo 的<div>标签划分左边区域，使用 class 属性为 topnav 的<div>标签划分右边区域。左边区域是公司的 Logo 图片，使用<img />标签；右边区域是两个链接菜单，可以用列表和超链接标签。HTML 代码如下所示。

```
1 <header>
2   <div class="logo"><img src="img/logo.png" /></div>
3   <div class="topnav">
4     <ul>
5       <li><a href="#">手机版</a></li>
6       <li><a href="#">收藏本站</a></li>
7     </ul>
8   </div>
9 </header>
```

3. 编写导航栏的代码

导航栏部分是一个超链接列表，其对应的 HTML 代码如下所示。

```
1 <nav>
2   <ul>
3     <li><a href="#">首页</a></li>
4     <li><a href="#">公司简介</a></li>
5     <li><a href="#">产品中心</a></li>
6     <li><a href="#">新闻中心</a></li>
7     <li><a href="#">人才招聘</a></li>
8     <li><a href="#">会员注册</a></li>
9     <li><a href="#">联系我们</a></li>
10   </ul>
11 </nav>
```

4. 编写网页横幅的代码

网页横幅由一张图片和一段文本组成，HTML 代码如下所示。

```
1 <div class="banner">
2   <img src="img/banner.jpg" />
3   <span>勇攀高峰 砥砺前行</span>
4 </div>
```

5. 编写网页主体内容的代码

主体内容部分分为左边的侧边栏和右边的公司简介两个区域，结构如图 3-10 所示。

网页主体内容框架对应的 HTML 代码如下所示。

```
1 <section>
2   <aside></aside>
```

```
3   <article></article>
4 </section>
```

搭建完框架后，再分区域搭建各个部分的 HTML 结构。

图 3-10　网页主体内容框架

（1）编写侧边栏的代码。

侧边栏包含标题和一个链接列表，HTML 代码如下所示。

```
1 <aside>
2   <h2>快捷导航</h2>
3   <ul>
4     <li class="cur"><a href="#">公司简介</a></li>
5     <li><a href="#">产品中心</a></li>
6     <li><a href="#">新闻中心</a></li>
7     <li><a href="#">会员注册</a></li>
8   </ul>
9 </aside>
```

（2）编写公司简介的代码。

这部分内容和单元 2 中任务 1 的内容相同。可以打开之前编写的代码，将其复制粘贴到<article>标签与</article>标签之间。完成后的 HTML 代码如下所示。

```
1 <article>
2   <h2>公司简介</h2>
3   <img src="img/gsjj.jpg" />
4   <p>都达科技股份有限公司于 2010 年成立于常州，距上海两小时车程，是一个技术专业化、管理科学化、人员年轻化的现代化民营企业。公司主要生产和销售汽车空调配件、控制阀、泄压阀、速度传感器、过热保护器等。“专业、安全、创新”是我们永远追求的目标。我们秉承让客户满意就是企业发展的追求，用最安全、最优质的产品服务于我们的客户。我们坚信没有落后的产业，只有落后的产品。我们始终以创造、创新为发展方向，不断推出适合消费者的新产品！
5   </p>
6   <img src="img/ggjj2.jpg" />
7   <p>公司厂房占地 2 万多平方米，拥有各类专用数控加工大型设备 300 多台，拥有 6 条全自动化生产线及全套的生产检测设备。公司现有员工 90 名，其中技术人员 10 名，另外聘用研究员、高级工程师两名，作为公司的长期技
```

```
术顾问。我们以成为让客户满意的汽车零部件制造商为目标，所有的零件都是全新制造。全新的、高品质的控制阀能满足几乎所有的汽车空调压缩机的需求。都达通过并严格按照<strong>ISO9001：2011，IATF16949 TUV</strong>质量体系标准控制质量。保质保量和客户较高的满意度为我们赢得了声誉和品牌价值。自动化的生产和检测设备确保所有产品出厂前都要经过严格的检测。成熟的产品研发团队和专业的实验室能确保研发的新产品满足客户的全部要求。都达自主研发的控制阀已经<em>获得国家 17 项实用新型专利</em>。
8    </p>
9    <p>稳定的质量、有竞争力的成本、齐全的产品、快速的运输，所有这些都为增强客户黏性、加快业务增长提供支持。我们真诚地邀请您随时访问我们的网站和工厂。
10    </p>
11  </article>
```

6. 编写网页底部的代码

网页底部的内容分为导航列表和版权声明两部分，对应的 HTML 代码如下所示。

```
1  <footer>
2    <div class="footnav">
3      <ul>
4        <li><a href="#">公司简介</a></li>
5        <li><a href="#">产品中心</a></li>
6        <li><a href="#">新闻中心</a></li>
7        <li><a href="#">会员注册</a></li>
8        <li><a href="#">联系我们</a></li>
9        <li><a href="#">手机版</a></li>
10     </ul>
11   </div>
12   <div class="copyright">
13     Copyright &copy; 2019 都达科技股份有限公司 版权所有
14   </div>
15 </footer>
```

至此，公司简介网页的 HTML 结构搭建完成，网页效果如图 3-1（b）所示。

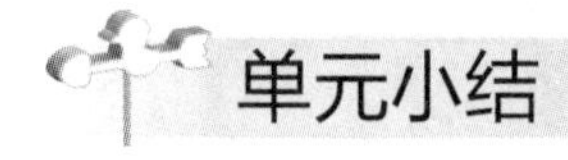

单元小结

本单元介绍了<div>标签和<span>标签、块级元素和行内元素、HTML 语义化的思想及 HTML5 中常用的语义化结构标签，讲解了如何使用语义化标签搭建公司简介网页的 HTML 结构。通过对本单元的学习，读者能够理解块级元素和行内元素的概念，理解 HTML 语义化标签的作用和重要性，学会把标签用在正确的地方，为后面单元的学习打好基础。

思考练习

一、单选题

1. 下列有关 HTML 语义化说法不正确的是（　　）。

   A. 大多数标签实现的效果完全可以使用<div>标签和<span>标签来代替实现

   B. 学习语义化的目的在于将恰当的标签用在有需要的地方

   C. 语义化对于搜索引擎优化来说是非常重要的

   D. 语义化的目的在于提高代码的可读性和可维护性

2. 下列标签中，不属于 HTML5 语义化结构标签的是（ ）。

A. <article> B. <banner> C. <footer> D. <main>

3. 下列各项中，是行级元素的是（ ）。

A. a B. div C. li D. p

4. 下列标签中是无语义标签的是（ ）。

A. <p> B. <article> C. <span> D. <em>

5. 下列网页模块命名不符合规范的是（ ）。

A. <div class="header"> </div>

B. <div class="top"> </div>

C. <div class="h"> </div>

D. <div class="1h"> </div>

6. 下列标签中，用于定义页面主区域内容之外的内容的标签是（ ）。

A. <nav> B. <article> C. <span> D. <aside>

二、判断题

1. <main>标签在页面中只能使用一次。（ ）
2. <nav>标签在页面中只能使用一次。（ ）
3. 网页的 HTML 结构应该全部使用<div>标签和<span>标签来实现。（ ）
4. 网页模块的命名不能以数字开头。（ ）
5. <span>标签的语义是一个小文本区域。（ ）

三、实践操作题

1. 假设一个传统 div 布局的网页结构如图 3-11 所示，请根据<div>标签的 class 属性值分析网页结构，使用 HTML5 语义化结构标签搭建该网页的布局结构。

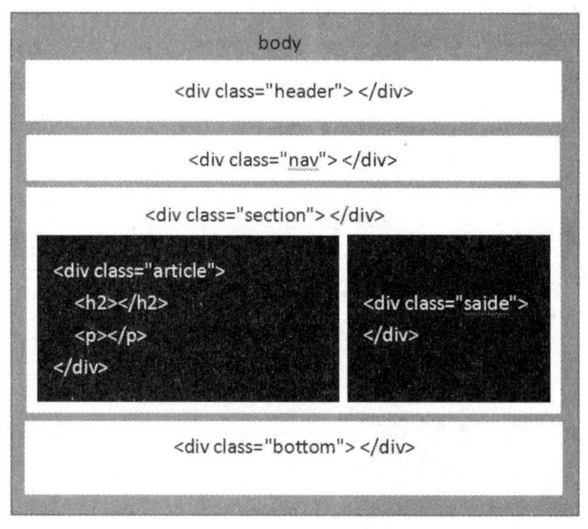

图 3-11 传统 div 布局的网页结构

2. 分析图 3-12 所示公司网站首页效果，使用语义化标签搭建该网页的 HTML 结构（不考虑 CSS 样式）。

图 3-12　公司网站首页的效果

单元 4 CSS3 概述与基本语法

CSS3 是目前流行的网页表现语言，它可以用于控制网页内容的显示效果。本单元将介绍 CSS3 的基本语法、CSS 样式的引入方式、常用选择器及其基本特性。

学习目标

★ 掌握 CSS3 的相关概念。
★ 熟悉 CSS3 的基本语法。
★ 掌握在 HTML 页面中引入 CSS 样式的方法。
★ 掌握 CSS 选择器的用法。

任务1 使用 CSS 设置文本颜色

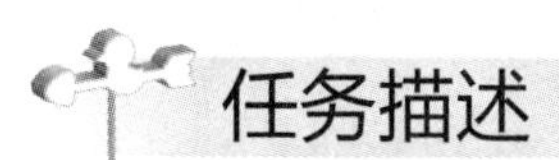

任务描述

在 G 盘创建名为 project2 的基本 Web 项目。在该项目中新建一个空白网页文件，命名为 page1.html。编辑该网页，设置网页标题为“关于勤奋努力的谚语”，在页面中添加标题和列表文字，然后使用 CSS 控制文字的颜色，最后浏览该网页的效果。网页效果如图 4-1 所示。

CSS 样式设置的具体要求如下。

（1）使用行内样式设置标题文字的颜色为红色（red）。
（2）使用内嵌样式设置段落文字的颜色为蓝色（blue）。
（3）使用链接样式设置列表文字的颜色为绿色（green）。

关于勤奋努力的谚语
关于勤奋努力的谚语的列表
• 只要功夫深，铁杵磨成针。
• 比赛必有一胜，苦学必有一成。
• 要得惊人艺，须下苦功夫。
• 不怕事不成，就怕心不诚。
• 身不怕动，脑不怕用。

图 4-1 page1.html 页面效果图

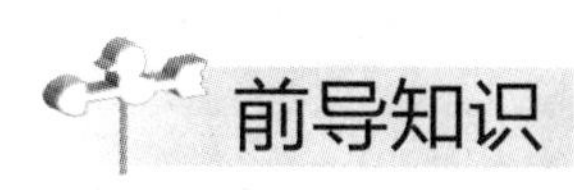

前导知识

4.1 CSS3 概述

创建一个访问量高并且布局美观的页面是网页设计者的追求，然而仅通过 HTML5 来实现是非常困难的。HTML 仅定义了网页结构，对于网页元素的样式没有过多涉及。因此，需要一种技术对页面布局、字体、颜色、背景和其他图文效果的实现提供更加精确的控制。这种技术就是 CSS。

CSS 是用于增强或控制网页样式，并允许将样式信息与网页内容分离的一种技术，其文件扩展名为.css。使用 CSS 的最大优势是在后期维护中如果需要修改一些外观样式，只需要修改相应的 CSS 代码即可。

CSS3 是 CSS 的升级版本（3 表示版本号），它在 CSS 的基础上增加了很多强大的新功能。使用 CSS3 并配合 HTML5 标准，可以实现原来必须使用图片或 JavaScript 才能达到的效果，大大提高了网页开发的效率。

4.2 CSS3 基本语法

CSS 样式由若干条样式规则组成，这些样式规则可以应用到不同的元素或文档中去定义它们的显示效果。每一条样式规则由选择器（selector）、属性（property）和属性值（value）3 部分构成，其基本语法格式如下所示。

```
selector {property: value;}
```

selector 是选择器，选择的是需要改变样式的 HTML 元素。选择器有多种形式，例如可以是 HTML 标签。property 是选择器指定的标签所包含的属性。value 表示指定的属性值。给出一条样式规则，代码如下所示。

```
p{color: red;}
```

该样式规则的构成如下：p 表示选取所有 p 元素，color 指定文字颜色属性，red 为属性值。此样式规则表示将所有<p>标签中的文本颜色设置为红色。

如果要定义选择器的多个属性，则可将属性和属性值分为一组，在组与组之间用“;”隔开。例如，下面的代码为段落设置了多种样式属性。

```
p {font-family: "楷体";color: red;font-size: 50px;font-weight: bold;}
```

在编写 CSS 样式时，还需要注意以下语法规范。

（1）CSS 样式中的选择器严格区分英文字母大小写。属性和属性值不区分英文字母大小写，但按照书写规范，一般都使用小写英文字母。

（2）样式代码中的标点符号必须使用英文状态下的符号。

（3）多个属性间必须用分号间隔开，最后一个属性后的分号可以省略，但建议保留。

（4）如果属性的值由多个单词组成或中间包含空格，那么必须为这个属性值加上引号。例如下面的属性值设置。

```
p {font-family: "arial black";}
```

（5）样式规则中不同属性设置建议换行书写，这样代码的可读性更高。

（6）在编写 CSS 代码时，为了提高代码的可读性，可以加上 CSS 注释。CSS 注释以“/*”开头，以“*/”结尾，示例如下。

```
p {
font-family: "楷体";   /* 定义字体 */
color: red;            /* 定义文本颜色 */
}
```

小贴士

代码规范非常重要。有些互联网公司对代码的变量命名、注释格式，甚至嵌套中的行缩进长度都有明确规定。养成良好的编码习惯，不但有助于代码的移植和纠错，而且有助于不同技术人员之间的协作。正所谓“规范大于约定”，良好的编码习惯将会让你受益良多。

4.3 如何插入 CSS 样式

CSS 样式能很好地控制页面的显示效果，分离网页内容和样式代码。它控制页面效果的方式包括行内样式、内嵌样式、链接样式和导入样式。

4.3.1 行内样式

行内样式是所有方式中比较简单、直观的。它直接把 CSS 代码添加到 HTML 文件中作为 HTML 标签的属性呈现。使用这种方式可以很简单地对某个元素单独定义样式。具体实现方式是直接在 HTML 标签中使用 style 属性。该属性的内容就是样式规则中的属性和属性值，例如 example4-1.html 中的代码所示。

```
1  <!DOCTYPE html>
2  <html>
3    <head>
4      <meta charset="utf-8">
5      <title></title>
6    </head>
7    <body>
8      <p style="font-size: 20px; color: red;">不以规矩，不能成方圆。</p>
9    </body>
10 </html>
```

该例中，段落文字“不以规矩，不能成方圆。”通过 style 属性设置段落文字大小为 20px，颜色为红色。

行内样式在标签内定义。对于网站来说，这种方式会产生很多冗余代码，而且每次修改样式都要到具体的标签内进行修改，非常不方便。因此，实际开发中不建议使用行内样式，但可以使用行内样式进行细节上的微调。

4.3.2 内嵌样式

内嵌样式就是将 CSS 样式代码添加到<head>标签与</head>标签之间，并且用<style>标签对进行声明，例如下面 example4-2.html 中的代码所示。

```
1  <!DOCTYPE html>
2  <html>
3    <head>
4    <meta charset="utf-8">
5    <title></title>
6      <style type="text/css">
7        p {
8          font-size: 20px;
9          color: red;
10       }
11     </style>
12   </head>
13   <body>
14     <p>不以规矩，不能成方圆。</p>
15   </body>
16 </html>
```

该例中的第6～11行代码声明了内嵌样式，实现将段落文字大小设置为20px，颜色设置为红色。

内嵌样式虽然没有完全实现内容和样式代码的分离，但可以用于设置一些比较简单且需要统一样式的页面。在代码量不多的情况下，使用内嵌样式将HTML代码和CSS代码放在同一个文件内，方便修改和测试。

4.3.3 链接样式

链接样式是指在外部定义CSS样式并形成以.css为扩展名的文件，然后在HTML页面中通过<link />标签链接对应的CSS文件。该链接语句必须放在页面的<head>标签与</head>标签之间，例如example4-3.html中的代码所示。

```
1  <!DOCTYPE html>
2  <html>
3    <head>
4      <meta charset="utf-8">
5      <title></title>
6      <link rel="stylesheet" type="text/css" href="style4-3.css"/>
7    </head>
8    <body>
9      <p>不以规矩，不能成方圆。</p>
10   </body>
11 </html>
```

（1）rel指定链接到样式表，其值为stylesheet。

（2）type指定样式表类型。

（3）href指定CSS文件的路径，此处为当前网页路径下名称为style4-3.css的文件。如果HTML文件与CSS文件没有在同一路径下，则需要指定CSS文件的相对路径。

style4-3.css样式代码如下所示。

```
p {font-size: 20px;color: red;}
```

该例中使用了链接样式将段落文字的大小设置为20px，颜色设置为红色。

在实际开发中，链接样式是使用频率最高且最实用的方式。该方式可以很好地将“页面内容”和“样式风格”分离成两个文件或多个文件，能够实现网页HTML代码和CSS代码的完全分离，使前期制作和后期维护都变得十分方便。同一个CSS文件，根据需要可以链接到网站中所有的HTML页面上，使网站整体风格统一，并且使得后期维护的工作量大大减少。

4.3.4 导入样式

导入样式和链接样式基本相同，都需要创建一个单独的CSS文件，然后将其引入HTML文件中。使用导入样式方式，在HTML文件初始化时将样式表会导入HTML文件内，使其成为文件的一部分。这类似于内嵌效果。

导入样式的方式是在内嵌样式表的<style>标签对中，使用@import导入一个外部的CSS文件。例如下面example4-4.html中的代码所示。

```
1  <!DOCTYPE html>
2  <html>
```

```
3   <head>
4   <meta charset="utf-8">
5   <title></title>
6     <style type="text/css">
7       @import url("style4-3.css");
8     </style>
9   </head>
10   <body>
11     <p>不以规矩，不能成方圆。</p>
12   </body>
13 </html>
```

在该例中，使用导入样式方式将段落文字的大小设置为 20px，将颜色设置为红色。

导入样式虽然与链接样式很类似，但在实际开发中极少用到。程序员更倾向于使用链接样式方式。这是因为@import 方式先加载 HTML 代码，后加载 CSS 代码，如果网速不好，页面就是没有样式的；链接样式方式同时加载 HTML 代码和 CSS 代码，使用户体验变得更好。

任务实现

扫码观看视频

根据任务描述，可以按以下步骤来完成任务。

1. 创建名为 project2 的基本 Web 项目

打开 HBuilderX，在 HBuilderX 的菜单栏中单击“文件”→“新建”→“项目”，在弹出的“新建项目”对话框中设置“项目名称”为 project2，单击“浏览”，设置项目存放的路径为 G 盘，单击“创建”按钮，如图 4-2 所示。

图 4-2　创建名为 project2 的基本 Web 项目

2. 在项目中创建 page1.html 网页文件

在 HBuilderX 左侧项目管理器中的 project2 上单击鼠标右键，在弹出的快捷菜单中选择“新建”→“html 文件”。此时会弹出“新建 html 文件”对话框。在对话框中给 HTML

文件设置名称为 page1.html，最后单击“创建”按钮。此时 HbuilderX 的界面右侧自动出现 page1.html 的编辑界面，如图 4-3 所示。

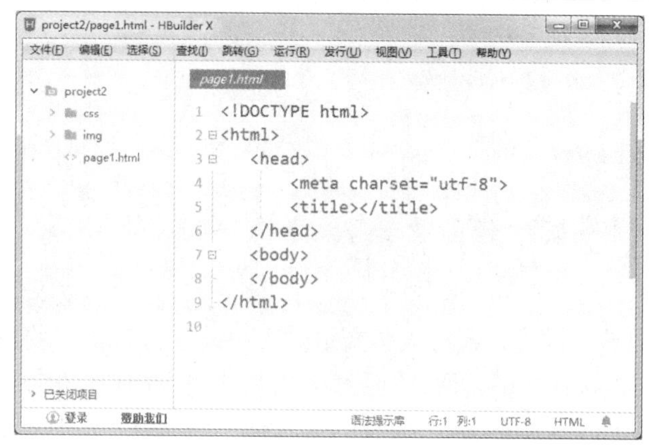

图 4-3　page1.html 网页的编辑界面

3. 编辑 page1.html 网页

根据网页效果图，在 page1.html 的编辑界面中编写 HTML 代码。代码如下所示。

```
1  <!DOCTYPE html>
2  <html>
3    <head>
4      <meta charset="utf-8">
5      <title>关于勤奋努力的谚语</title>
6    </head>
7    <body>
8      <h1>关于勤奋努力的谚语</h1>
9      <p>关于勤奋努力的谚语的列表</p>
10     <ul>
11       <li>只要功夫深，铁杵磨成针。</li>
12       <li>比赛必有一胜，苦学必有一成。</li>
13       <li>要得惊人艺，须下苦功夫。</li>
14       <li>不怕事不成，就怕心不诚。</li>
15       <li>身不怕动，脑不怕用。</li>
16     </ul>
17   </body>
18 </html>
```

4. 使用行内样式设置标题文字的颜色为红色

在 page1.html 的编辑界面的第 8 行代码中添加 CSS 代码。代码如下所示。

```
<h1 style="color: red;">关于勤奋努力的谚语</h1>
```

5. 使用内嵌样式设置段落文字的颜色为蓝色

在 page1.html 的编辑界面的第 5 行代码后添加 CSS 代码。代码如下所示。

```
1  <head>
2    <meta charset="utf-8">
3    <title>关于勤奋努力的谚语</title>
```

```
4   <style type="text/css">
5     p {color: blue;}
6   </style>
7 </head>
```

6. 使用链接样式设置列表文字的颜色为绿色

在 HBuilderX 左侧项目管理器中的 project2 上单击鼠标右键，在弹出的快捷菜单中选择“新建”→“css 文件”。此时会弹出“新建 css 文件”对话框。在对话框中给 CSS 文件设置名称为 style.css，最后单击“创建”按钮。此时 HbuilderX 的界面右侧自动出现 style.css 的编辑界面。在 style.css 中输入如下代码。

```
ul {color: green;}
```

切换到 page1.html 中，在<head>标签对中添加代码链接样式文件。代码如下所示。

```
<link rel="stylesheet" type="text/css" href="style.css"/>
```

保存网页文件和样式文件，预览页面效果，如图 4-1 所示。

任务2 选择合适的选择器设置网页文字颜色

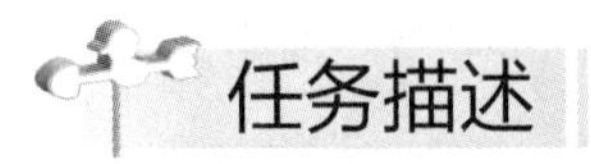

任务描述

在设计好的 page2.html 页面上对网页结构进行分析，设置文字颜色样式。要求将所有标题文本颜色设为蓝色，所有强调文本颜色设为红色，第一段文本设置为棕色（brown），第一段中的强调文本设置为黄色（yellow），标题“五四有感”及其下面的两行诗句设置为橙色（orange）。完成后的网页效果如图 4-4 所示。

图 4-4 page2.html 网页效果

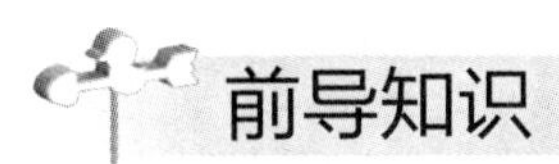

前导知识

想要把 CSS 样式应用于特定的 HTML 元素，需要先通过选择器找到目标元素。所有网页元素的样式都是通过不同的 CSS 选择器控制的。根据 CSS 选择器的用途可以把选择器分为基本选择器、复合选择器、伪类选择器和伪元素选择器等。

4.4 基本选择器

4.4.1 标签选择器

HTML 文件是由多个不同的 HTML 标签组成的，而标签选择器就是通过标签的名字来选择 HTML 元素以修改它的 CSS 样式。例如，p 选择器就是用于声明页面中所有<p>标签的样式风格。同样，也可以通过 h2 选择器来声明页面中所有<h2>标签的样式风格。

标签选择器最基本的形式如下所示。

```
tagName {property: value; }
```

标签选择器通常用于设置在整个网站都会出现的标签的基本样式。例如下面 example4-5.html 的代码就使用标签选择器 p 定义了网页中所有段落的样式。

```
1  <!DOCTYPE html>
2  <html>
3    <head>
4      <meta charset="utf-8">
5      <title>标签选择器</title>
6      <style>
7        p {
8          color: red;
9          font-size: 20px;
10       }
11     </style>
12   </head>
13   <body>
14     <p>君不见黄河之水天上来，奔流到海不复回。</p>
15     <p>君不见高堂明镜悲白发，朝如青丝暮成雪。</p>
16     <p>人生得意须尽欢，莫使金樽空对月。</p>
17     <p>天生我材必有用，千金散尽还复来。</p>
18   </body>
19 </html>
```

代码在浏览器中的运行效果如图 4-5 所示，段落字体以红色显示，大小为 20px。

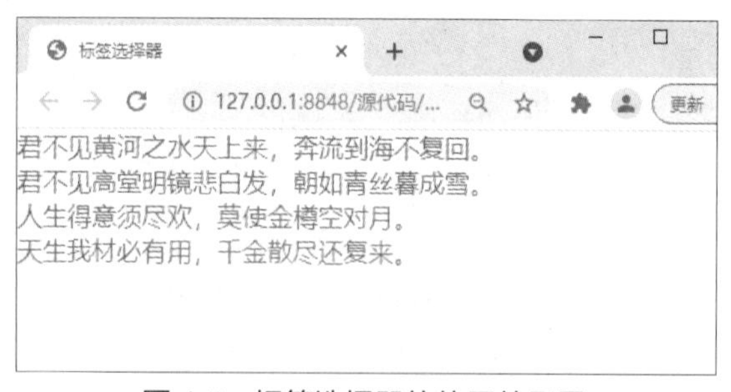

图 4-5 标签选择器的使用效果图

4.4.2 通配符选择器

通配符选择器用“*”表示，用于选择页面上的所有 HTML 元素。例如下面的代码可设置页面所有元素的内、外边距均为 0。

```
* {margin: 0;padding: 0;}
```

4.4.3　类选择器

使用标签选择器可以控制页面中所有相关标签的样式，但如果需要对其中一系列标签重新设定样式，那么仅使用标签选择器是不容易实现的，还需要使用类选择器。

类选择器用于为一系列标签定义相同的样式，其基本语法格式如下所示。

```
.classValue {property: value;}
```

classValue 表示选择器的名称，具体名称可自定义。如果一个标签具有 class 属性且 class 属性值为 classValue，那么该标签的样式由其类选择器指定。在定义选择器时，需要在 classValue 前面加一个句点“.”。代码如下所示。

```
.cl {color: red;}
.fs {font-size: 20px;}
```

上面定义了两个类选择器，它们分别为.cl 和.fs。类选择器的名称可以是任意英文字符串或以英文开头的英文与数字的组合，一般情况下采用类选择器的功能或效果的缩写。

类选择器定义的样式需要在标签中通过 class 属性调用。例如在某个段落上要应用.cl 选择器定义的样式，需要在对应段落<p>标签的 class 属性中指定类选择器。代码如下所示。

```
<p class="cl">类选择器的使用</p>
```

该例中，段落文字“类选择器的使用”应用.cl 选择器定义的样式，以红色显示。

有时可能需要给一个元素设定多个类样式，即同时给 class 属性设置多个值，每个值要用空格间隔开。例如，同时给 p 元素应用两个类样式的代码如下所示。

```
<p class="cl fs">类选择器的使用</p>
```

这样.cl 选择器和.fs 选择器定义的样式都会应用于 p 元素。

如果同时作用的几个类属性存在冲突，则后设置的起作用，即 CSS 文件中放在后面的类的属性起作用。

4.4.4　id 选择器

id 选择器和类选择器类似，都针对特定属性的属性值进行匹配。但是 id 属性具有唯一性，即一个网页文件中只能有一个标签使用某一 id 的属性值。定义 id 选择器的基本语法格式如下所示。

```
#idValue {property: value;}
```

idValue 表示选择器名称，具体名称可以自定义。如果某标签具有 id 属性，并且该属性值为 idValue，那么该标签的样式由其 id 选择器指定。在定义 id 选择器时需要在选择器名称前面加一个“#”。代码如下所示。

```
#fs {color: red;font-size: 25px;}
```

上面的代码定义了一个名为 fs 的 id 选择器的样式。要应用该样式，需要在标签中通过 id 属性调用。例如，在<p>标签的 id 属性中应用 id 选择器定义的样式的代码如下所示。

```
<p id="fs">id 选择器的使用</p>
```

该例中，段落文字“id 选择器的使用”应用#fs 选择器定义的样式，以红色和 25px 的字号显示。

与类选择器相比，使用 id 选择器定义样式有一定的局限性。类选择器与 id 选择器主要有以下两种区别。

（1）类选择器可以给任意数量的标签定义样式，但 id 选择器只能使用一次。

（2）id 选择器比类选择器具有更高的优先级。

4.5 复合选择器

对多种选择器进行搭配，可以构成一种复合选择器（也称为组合选择器），也就是将标签选择器、类选择器和 id 选择器组合起来使用。组合方式有很多：可以将标签选择器和标签选择器组合，也可以将标签选择器和类选择器组合，还可以将标签选择器和 id 选择器组合。不管是哪种组合方式，其原理都是一样的。下面介绍几种常用的复合选择器。

4.5.1 后代选择器

后代选择器用于选择某个父元素下面所有的元素。例如，下面的代码表示把作为 h1 元素后代的 em 元素的文本变为红色，而作为其他元素后代的 em 元素则不受控制。

```
h1 em {color: red;}
```

4.5.2 一级子元素选择器

一级子元素选择器用于选择某个父元素的直接子元素。后代选择器用于选择父元素的所有子孙元素，一级子元素选择器只选择父元素的一级子元素，不会再向下查找元素。例如下面的代码，表示只把作为 p 元素一级子元素的 em 元素的文本变为红色。

```
p>em {color: red;}
```

4.5.3 交集选择器

交集选择器由两个选择器构成，其中第一个为标签选择器，第二个为类选择器，两个选择器之间不能有空格。例如下面的代码，表示设置 class 属性值为 one 的 p 元素文本的颜色为红色。

```
p.one {color: red;}
```

4.5.4 并集选择器

并集选择器用于为多个选择器（标签选择器、类选择器、id 选择器都可以）定义同一种样式，中间用逗号隔开。并集选择器又叫分组选择器，逗号隔开表示进行分组。例如下面的代码，表示为所有 h2 元素、em 元素和 class 属性值为 bt 的元素设置相同的样式，即文本颜色为红色。

```
h2,em,.bt {color: red;}
```

分组可以将某些类型的样式“压缩”在一起，这样就可以得到更简洁的样式表。

4.6 伪类选择器

伪类选择器是在 CSS 中已经定义好的选择器，不能随便命名定义。伪类选择器可以分为 UI 元素状态伪类选择器和结构伪类选择器两种。

4.6.1 UI 元素状态伪类选择器

UI 元素状态伪类选择器的特点是，指定的样式只有当元素处于某种状态时才起作用，在默认状态下不起作用。UI 元素状态包括选中、未选中、获取焦点、失去焦点等。常用的

UI 元素状态伪类选择器如表 4-1 所示。

表 4-1 常用的 UI 元素状态伪类选择器

选择器	功能描述
:link	用于设置超链接未被访问时的样式
:visited	用于设置超链接已经被访问过的样式
:hover	用于设置鼠标指针悬停在元素上时的样式
:active	用于设置元素被激活时（在元素上单击且没有松开鼠标的状态）的样式
:focus	用于设置元素获得焦点时的样式
:checked	用于设置表单中复选按钮或者单选按钮被选中时的样式

下面的代码定义了超链接在 4 种状态下的样式。

```
a:link {color: black; text-decoration: none;}
a:visited {color: black; text-decoration: none;}
a:hover {color: red; text-decoration: underline;}
a:active {color: purple; text-decoration: underline;}
```

上面的样式表示超链接未被访问时和被访问后的文本颜色均为黑色且无下划线；鼠标指针悬停在超链接上时，文本为红色且有下划线；超链接被激活时，文本为紫色且有下划线。注意<a>标签的这 4 种伪类选择器要按 a:link、a:visited、a:hover、a:active 的顺序定义，否则会导致其中某个样式无法显示。

4.6.2 结构伪类选择器

结构伪类选择器可以根据元素在文档中所处的位置动态地选择元素，从而减少 HTML 文件对 id 或类的依赖，有助于保持代码干净整洁。常用的结构伪类选择器如表 4-2 所示。

表 4-2 常用的结构伪类选择器

选择器	功能描述
:first-child	选择父元素的第一个子元素
:last-child	选择父元素的最后一个子元素
:nth-child(n)	选择父元素的第 n 个位置的子元素。参数 n 可以是数字、关键字（odd、even）、公式（$2n$、$2n$+3），参数的索引从 1 开始计算
:only-child	选择父元素下仅有的一个子元素

下面通过 example4-6.html 的代码对结构伪类选择器进行演示。

```
1  <!DOCTYPE html>
2  <html>
3    <head>
4      <meta charset="utf-8">
5      <title>结构伪类选择器</title>
6      <style>
7        li:nth-child(even) {color: red;}
8        li:last-child {font-size: 20px;}
9      </style>
```

```
10    </head>
11    <body>
12      <ul>
13        <li>中国端午文化的发源与传承</li>
14        <li>中药店称为"堂"的典故</li>
15        <li>墨家的"节用"思想与人性需要之间的矛盾</li>
16        <li>中国古代文化常识之服饰代称</li>
17        <li>《诗经· 关雎》中的"河之洲"到底在哪？</li>
18        <li>寒食已随云影杳  祭祖无妨踏青游</li>
19        <li>药补不及食补  食补不及动补</li>
20      </ul>
21    </body>
22  </html>
```

代码在浏览器中的运行效果如图 4-6 所示。该例中的第 7 行代码设置了列表偶数项以红色显示，第 8 行代码设置了最后一个列表项文本的大小为 20px。

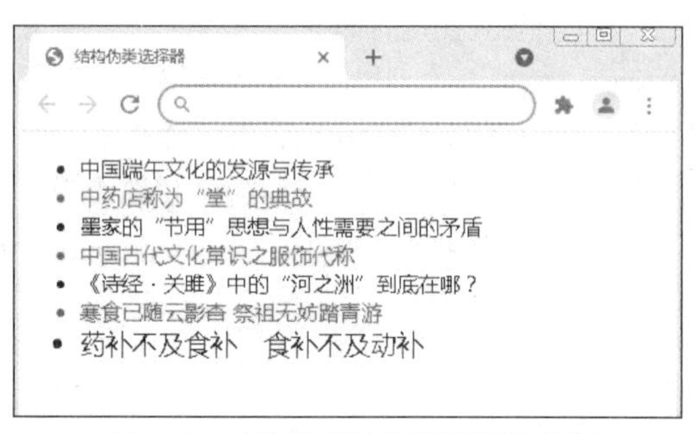

图 4-6　结构伪类选择器案例效果图

4.7 伪元素选择器

伪元素是不存在的元素，或是一种特殊的页面元素，表示一个特殊的位置。CSS 中有表 4-3 所示的 4 种伪元素选择器。

表 4-3　CSS 伪元素选择器

选择器	功能描述
::first-line	为某个元素的第一行文字使用样式，只能应用于块级元素
::first-letter	为某个元素中的文字的首字母或第一个字使用样式，只能应用于块级元素
::before	在某个元素之前插入一些内容，需要与 content 属性配合使用
::after	在某个元素之后插入一些内容，需要与 content 属性配合使用

注意，在 CSS3 中，伪元素选择器用双冒号表示，以与伪类选择器区分开。但是在 CSS2 和 CSS1 中，伪类选择器和伪元素选择器都使用单冒号语法。因此为了兼容 CSS2 和 CSS1 伪元素选择器，目前的浏览器可接受单冒号语法。

下面通过 example4-7.html 的代码对伪元素选择器进行演示。

```
1  <!DOCTYPE html>
2  <html>
```

```
3   <head>
4   <meta charset="utf-8">
5   <title>伪元素选择器</title>
6     <style>
7       h2::before {content: "♠";}
8       p.intro::first-letter {
9         color: red;
10        font-size: 50px;
11      }
12    </style>
13  </head>
14  <body>
15    <h2>标题 1</h2>
16    <p class="intro">这是第一段简介! </p>
17    <p>这是第一段文字，以及更多的文字。</p>
18    <h2>标题 2</h2>
19    <p>这是第二段简介! </p>
20    <p>这是第二段文字，以及更多的文字。</p>
21  </body>
22 </html>
```

代码在浏览器中的运行效果如图 4-7 所示。该例中，第 7 行代码使用了伪元素选择器“h2::before”，表示在 h2 元素前面添加内容，同时使用 content 属性来指定添加的具体内容；第 8 行代码使用了伪元素选择器“p.intro::first-letter”，将 class="intro"段落首字的颜色设置为红色，字号为 50px。

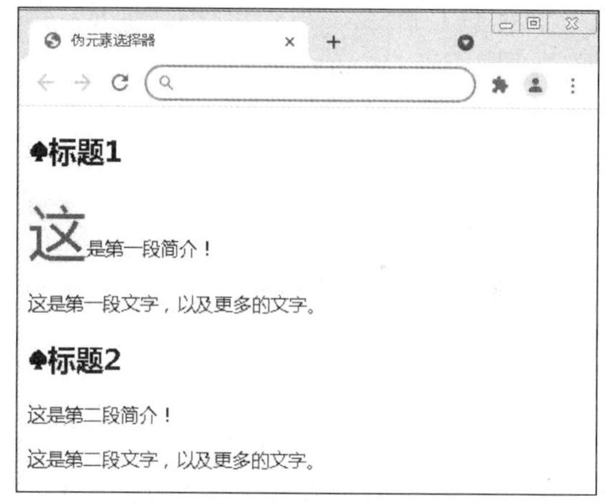

图 4-7　伪元素选择器案例效果图

复合选择器、伪类选择器、伪元素选择器都是 CSS 的高级选择器，可以提高代码运行效率和页面的可维护性。限于篇幅，本章仅介绍常用的高级选择器及其常规用法，读者可以深入学习其高级功能。

4.8 样式的层叠与继承

CSS 的基本特征是层叠性和继承性。对于网页开发者来说，需要深刻理解并灵活使用这两个概念。

4.8.1　CSS 的层叠性

文档中的一个元素可能同时被多个 CSS 选择器选中，每个 CSS 选择器都对应一些样式设置，多个 CSS 选择器的作用发生了叠加，这就是 CSS 的层叠性。下面通过 example4-8.html 的代码说明 CSS 的层叠性。

```
1 <!DOCTYPE html>
2 <html>
```

```
3    <head>
4      <meta charset="utf-8">
5      <title>CSS 的层叠性</title>
6      <style type="text/css">
7        p {font-family: "微软雅黑";}
8        .spe {font-size: 20px;}
9        #p1 {color: red;}
10     </style>
11   </head>
12   <body>
13     <p class="spe" id="p1">不以规矩，不能成方圆。</p>
14   </body>
15 </html>
```

该例中，第 13 行定义了 p 元素“不以规矩，不能成方圆。”；第 7 行通过标签选择器统一设置段落的字体；第 8 行通过类选择器定义了字号；第 9 行通过 id 选择器定义了文本颜色。对于 p 元素来说，它叠加了 p、.spe 和#p1 3 个选择器设置的样式。这些样式都会作用到“不以规矩，不能成方圆。”文本上，其最终显示为微软雅黑、20px、红色的文本。

4.8.2 CSS 的继承性

继承性是指定义 CSS 样式时，子元素会继承父元素的某些样式，如字体、字号和文本颜色。下面通过 example4-9.html 的代码说明 CSS 的继承性。

```
1  <!DOCTYPE html>
2  <html>
3    <head>
4      <meta charset="utf-8">
5      <title>CSS 的继承性</title>
6      <style>
7        p {color: red;}
8      </style>
9    </head>
10   <body>
11     <p>CSS 具有<em>继承性</em>和层叠性</p>
12   </body>
13 </html>
```

该例中，第 11 行代码定义了 em 元素被包含在 p 元素内部，也就是说 p 元素是父元素，em 元素是子元素；第 7 行通过标签选择器定义了 p 元素为红色文字。样式表中没有定义 em 元素的样式，可是运行代码后，p 元素与 em 元素的文本都显示为红色。这就是样式继承的结果，即 em 元素继承了 p 元素的文本颜色属性。

继承性非常有用，能使网页开发者不必在元素的每个后代上添加相同的样式，从而提高编码效率。如果设置的属性是一个可继承的属性，只需将其应用于父元素即可。例如以下代码。

```
div,p,ul,ol,h1,h2,h3,li{color:black;}
```

可以写成以下代码。

```
body{color:black;}
```

第二种写法可以达到相同的控制效果，且代码更简洁。

恰当地使用 CSS 的继承性可以简化代码，降低 CSS 样式的复杂性。但是，如果对网页中的大量元素都使用继承样式，那么判断样式的来源就会变得很困难。所以一般只对字体、文本属性等网页中通用的样式使用继承。这里还要注意，不是所有的 CSS 属性都可以继承。一般来说，有继承性的 CSS 属性包括颜色属性、文本相关属性、列表相关属性等。无继承性的 CSS 属性包括宽度（width）、高度（height）、边框（border）、边距（margin）、背景（background）等。

4.8.3 CSS 的优先级

CSS 具有层叠性和继承性，当文档中的一个元素继承来的样式或多个选择器叠加的样式发生冲突时，就会涉及 CSS 优先级的问题。例如下面 example4-10.html 的代码所示。

```
1  <!DOCTYPE html>
2  <html>
3    <head>
4      <meta charset="utf-8">
5      <title>CSS 优先级</title>
6      <style>
7        body {color: green;}
8        p {color: blue !important;}
9        #p1 {color: red;}
10       .spe {color: yellow;}
11     </style>
12   </head>
13   <body>
14     <div>
15       <p id="p1"  class="spe">不以规矩，不能成方圆。</p>
16     </div>
17   </body>
18 </html>
```

该例中，第 15 行定义了 p 元素；第 7 行通过 body 选择器统一设置了网页文本颜色为绿色；第 8 行通过 p 选择器定义了段落文字颜色为蓝色；第 9 行通过#p1 选择器定义了文本颜色为红色；第 10 行通过.spe 选择器定义了文本颜色为黄色。对于 p 元素来说，继承了 body 选择器定义的颜色样式，叠加了 p、.spe 和#p1 3 个选择器设置的颜色样式，但这些颜色样式都不相同。其最终显示为什么颜色呢？这时浏览器会应用权重最高的选择器定义的样式。

权重的计算方式如下。

- 继承的样式权重最低只有 0.1。
- 标签选择器的权重为 1。
- 类选择器的权重为 10。
- id 选择器的权重为 100。
- 行内样式的权重为 1000。
- !important 表示提高样式的权重，拥有最高级别。

上例中的不同选择器的权重计算如下所示。

```
body {color: green;}              /*属于继承的样式，权重为 0.1*/
p {color: blue!important;}        /*拥有最高级别的权重*/
#p1 {color: red;}                 /*权重为 100*/
.spe {color: yellow;}             /*权重为 10*/
```

因此上例中段落文本最终显示为蓝色。

由多个选择器构成的复合选择器（并集选择器除外）的权重为基础选择器权重之和。例如不同复合选择器的权重计算如下所示。

```
p em {color: blue}                /*权重为 1+1*/
#p1 em {color:red;}               /*权重为 100+1 */
p.spe .txt {color: yellow;}       /*权重为 1+10+10*/
```

注意，在分析样式优先级时，不能只计算选择器的权重，而应该先看选择器是否直接作用到元素。例如下面 example4-11.html 的代码所示。

```
1  <!DOCTYPE html>
2  <html>
3    <head>
4      <meta charset="utf-8">
5      <title></title>
6      <style>
7        p {color: blue;}
8        #p1 {color: red;}
9      </style>
10   </head>
11   <body>
12     <div id="p1">
13       <p>不以规矩，不能成方圆。</p>
14     </div>
15   </body>
16 </html>
```

该例中，使用标签选择器 p 和 id 选择器#p1 分别定义了文本颜色为蓝色和红色。那么<p>标签对中的文本最终显示为什么颜色呢?

如果只是简单计算选择器的权重，则#p1 是 id 选择器，权重为 100，p 是标签选择器，权重为 1。因此文本颜色为红色。而实际结果是，文本最终显示为 p 选择器定义的蓝色。

这个例子中，虽然#p1 是 id 选择器，但它是 div 元素的 id，没有直接作用到 p 元素上，p 元素只是继承其样式。因此权重仅为 0.1。而 p 选择器的权重为 1，所以文本最终显示为蓝色。

小贴士

CSS 样式有优先级。我们在日常学习生活中，也需要确定问题处理的优先级次序。有个很著名的时间管理法叫“四象限法则”——将事情分为“既紧急又重要”“紧急但不重要”“重要但不紧急”“既不紧急也不重要”4 种。处理顺序是先处理既紧急又重要的事情，再处理重要但不紧急的事情，接着处理紧急但不重要的事情，最后处理既不紧急也不重要的事情。我们应把主要的精力和时间集中地用来处理那些重要但不紧急的工作，这样可以做到未雨绸缪，防患未然，让自己的生活和工作更高效有序。

任务实现

根据任务描述，可以按以下步骤来完成任务。

1．分析网页结构及样式效果

在 HBuilderX 编辑器中打开 page2.html 网页，分析其 HTML 结构，网页中有一级、二级、三级标题和多个段落，部分段落中有强调文本。第一段的<p>标签中定义了 id 属性，标题“五四有感”及其下面的两段文本被包裹在 class 属性值为 wsyg 的<div>标签对中。代码如下所示。

```
1  <!DOCTYPE html>
2  <html>
3    <head>
4      <meta charset="utf-8" />
5      <title></title>
6    </head>
7    <body>
8      <h1>五四青年节</h1>
9      <p id="p1">
10       五四青年节源于中国 1919 年反帝爱国的<strong>“五四运动”</strong>，五四运动是一次彻底的反对帝国主义和封建主义的爱国运动，也是中国<strong>新民主主义革命</strong>的开始。1939 年，陕甘宁边区西北青年救国联合会规定每年的 5 月 4 日为中国青年节。青年节期间，中国各地都要举行丰富多彩的纪念活动，青年们还要集中进行各种社会志愿和社会实践活动，还有许多地方在青年节期间举行成人仪式。
11     </p>
12     <h2>事件介绍</h2>
13     <p><strong>五四运动</strong>是 1919 年 5 月 4 日发生在北京的一场以青年学生为主，广大群众、市民、工商人士等阶层广泛参与的，通过示威游行、请愿、罢工等多种形式进行的爱国运动，是中国人民彻底地反对帝国主义、封建主义的爱国运动。五四运动是中国<strong>新民主主义革命</strong>的开端，是中国革命史上划时代的事件，是中国旧民主主义革命到新民主主义革命的转折点。
14     </p>
15     <h2>文学记述</h2>
16     <p>《五四有感》是著名外交家、当代诗词名家厉声教晚年于五四青年节所作的一首五言律诗，旨在勉励青年人珍惜大好时光，积极进取。全诗表达了作者对青春的真诚赞美和对青年的爱护与期望，以及自己志在归隐让贤的情怀。</p>
17     <div class="wsyg">
18       <h3>五四有感</h3>
19       <p>残漏催人老，岂得负寸阴。欲逐飞熊去，垂钓渭水滨。</p>
20       <p>华发偏因循，青春正革新。枕流息俗念，耳净听松吟。</p>
21     </div>
22     <h2>活动内容</h2>
23     <h3>五四核心</h3>
24     <p>五四精神的核心内容为<strong>“爱国、进步、民主、科学”</strong>。</p>
25     <p>应该为了民族的独立和解放，为了国家的繁荣和富强，前赴后继，英勇奋斗，积极进取，勤奋工作。</p>
26     <p>爱国主义是五四精神的源泉，民主与科学是五四精神的核心，勇于探索、敢于创新、解放思想、实行变革是民主与科学实现的途径，理性精神、个性解放、反帝反封建是民主与科学的内容。而所有这些，最终目的都是振兴中华民族。因此，纪念五四运动，发扬五四精神，应该把这些方面结合起来，为振兴中华民族而努力奋斗。
27     </p>
28   </body>
29 </html>
```

2. 定义 CSS 样式

分析网页样式效果，所有标题和强调文本可以通过标签选择器控制样式。第一段文本需要单独设置样式，可以通过 id 选择器#p1 控制该段样式。由于样式具有继承性，第一段中的强调文本也会继承该样式，因此需要通过后代选择器#p1 strong 控制第一段中强调文本的颜色。标题“五四有感”和下面的两段文本可以通过.wsyg 选择器控制样式，div 元素的样式会被其子元素标题和段落继承，但由于前面定义过标题的样式，继承的样式权重很低，不起作用，因此需要通过后代选择器.wsyg h3 控制标题的颜色。

（1）新建 CSS 文件，命名为 style2.css，并将其保存在 page2.html 所在的文件夹中。

（2）在 page2.html 文件的<head>标签对内链接外部样式表 style2.css。代码如下所示。

```
1 <head>
2   <meta charset="utf-8" />
3   <title></title>
4   <link rel="stylesheet" type="text/css" href="style2.css" />
5 </head>
```

（3）在 style2.css 中编写 CSS 样式。代码如下所示。

```
1 h1,h2,h3 {color: blue;}
2 strong {color: red;}
3 #p1 {color: brown;}
4 #p1 strong {color: yellow;}
5 .wsyg,.wsyg h3 {color: orange;}
```

上面的样式中，第 1 行代码控制所有标题的颜色为蓝色，使用了并集选择器；第 2 行代码通过标签选择器控制所有的强调文本为红色；第 3 行代码使用 id 选择器控制第一段文本的颜色为棕色；第 4 行代码通过后代选择器#p1 strong 控制第一段中的强调文本的颜色为黄色；第 5 行代码通过类选择器.wsyg 和后代选择器.wsyg h3 组合成的并集选择器控制标题“五四有感”及其下面的两段文本的颜色为橙色。

至此，任务 2“选择合适的选择器设置网页文字颜色”全部完成。

单元小结

本章介绍了在网页中引用 CSS 样式的方式、CSS 选择器的类型、CSS 常用的属性，以及 CSS 的层叠性、继承性、优先级等内容，最后综合利用 HTML 标签及 CSS 完成了案例的制作。通过对本单元的学习，读者可以掌握在网页中引入 CSS 样式的方法，学会灵活使用 CSS 选择器。

思考练习

一、单选题

1. CSS 的全称是（　　）。

   A. Creative Style Sheets　　B. Colorful Style Sheets

   C. Computer Style Sheets　　D. Cascading Style Sheets

2. 下列 CSS 语法正确的是（　　）。

A. body {color: black;}　　B. {body:color=black}

C. body {color: black,}　　D. {body;color: black}

3. 下列各项中，正确引用外部样式表的是（　　）。

A. <style src= "mystyle.css">

B. <stylesheet> mystyle.css</stylesheet>

C. <link rel="stylesheet" href="style.css/>

D. <link rel="stylesheet" type ="text/HTML" href= "style.css"/>

4. 在 CSS 样式文件中，下列注释正确的是（　　）。

A. // this is a comment////　　B. 'this is a comment

C. /* this is a comment */　　D. // this is a comment

5. 下列样式中，选择器的优先级最高的是（　　）。

A. p{color: #F00;}　　B. .one{color: #F00;}

C. #aa{color: #F00;}　　D. *{color: #F00;}

6. 下列关于 id 和 class 属性的说法中，正确的是（　　）。

A. id 属性值是唯一的，不同的页面中不允许出现相同的 id 属性值

B. id 属性值就像你的名字，class 属性值就像你的身份证号

C. 同一个页面中，不允许出现两个相同的 class 属性值

D. 可以为不同的元素设置相同的 class 属性值来为它们定义相同的样式

二、实践操作题

在 D 盘中创建名为 site2 的基本 Web 项目。在该项目中新建网页文件，命名为 test2.html。编辑该网页，网页效果如图 4-8 所示。在该项目中创建外部样式表 test2.css，并将其链接到 test2.html 中。编写样式代码，将网页中的所有标题设置为蓝色，强调文本设置为斜体橙色，第一段文本设置为棕色，第一段中的强调文本设置为红色，“开放时间”的第二项和第四项设置为绿色。

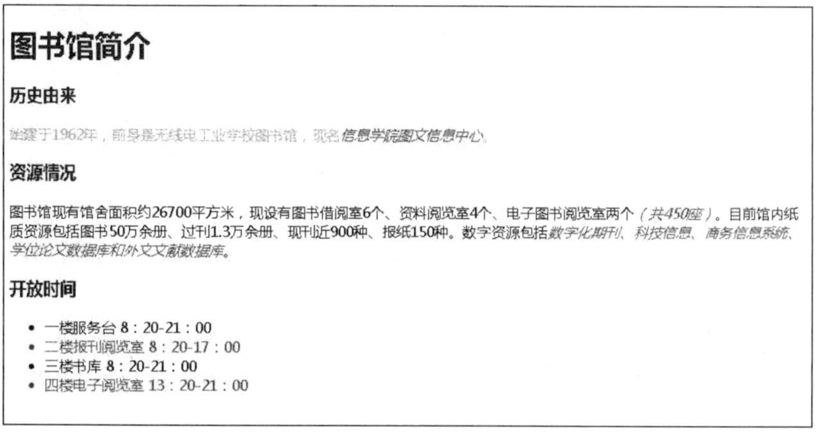

图 4-8　test2.html 网页的效果

单元 5 CSS3 基本样式设计

CSS 是一种描述 HTML 文件样式的语言，可以用于设置 HTML 元素在网页中的显示样式。CSS3 是最新的 CSS 标准。本单元将介绍 CSS3 中的一些常用的基本样式，如文本样式、边框样式、背景样式、超链接样式、表格样式、表单样式等。

学习目标

★ 掌握字体样式、文本样式、边框样式、图片样式等 CSS3 基本样式的应用。

★ 能够使用 CSS3 基本样式设计网页的显示效果。

任务1 设置公司简介网页的样式

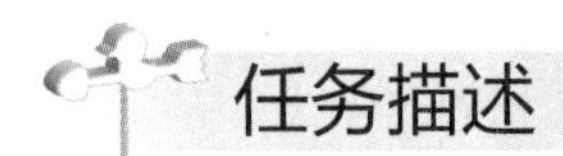

任务描述

打开单元 2 任务 1 的 Dudaweb 项目中的公司简介网页 gsjj.html，使用 CSS 样式将公司简介网页的显示方式设置为图 5-1 所示的效果。

公司简介
都达科技股份有限公司于2010年成立于常州，距上海两小时车程，是一个技术专业化、管理科学化、人员年轻化的现代化民营企业。公司主要生产和销售汽车空调配件、控制阀、泄压阀、速度传感器、过热保护器等。“专业、安全、创新”是我们永远追求的目标。我们秉承让客户满意就是企业发展的追求，用最安全、最优质的产品服务我们的客户。我们坚信没有落后的产业,只有落后的产品。我们始终以创造、创新为发展方向,不断推出适合消费者的新产品！
我公司厂房占地2万多平方米,拥有各类专用数控加工大型设备300多台,拥有6条全自动化生产线及全套的生产检测设备。现有员工90名,其中技术人员10名,另外聘用研究员、高级工程师两名,作为公司的长期技术顾问。我们以成为让客户满意的汽车零部件制造商为目标,所有的零件都是全新制造。全新的、高品质的控制阀能满足几乎所有的汽车空调压缩机的需求。都达通过并严格按照ISO9001：2011，IATF16949 TUV质量体系标准控制质量。保质保量和客户较高的满意度为我们赢得了声誉和品牌价值。自动化的生产和检测设备确保所有产品出厂前都要经过严格的检测。成熟的产品研发团队和专业的实验室能确保研发的新产品满足客户的全部要求。都达自主研发的控制阀已经获得国家17项实用新型专利。
稳定的质量、有竞争力的成本、齐全的产品、快速的运输，所有这些都为增强客户黏性、加快业务增长提供支持。我们真诚地邀请您随时访问我们的网站和工厂。

图 5-1 公司简介网页的效果

样式具体要求如下。

（1）设置整个公司简介模块的宽度为 920px，字号为 14px。

（2）设置“公司简介”标题的字号为 16px，行高为 50px，底部边框为 1px 实线，颜色为#DDD。

（3）为所有段落设置首行缩进两个字符，行高为 2em，两端对齐。

（4）为 strong 元素的文本加下划线，将 em 元素的文本设置为加粗、无斜体的红色文字。

（5）设置图片宽度为 220px，高度为 130px，边框为 3px 双实线，边框颜色为#0072C6。

（6）设置图文混排效果，两张图都向右边浮动。

（7）设置图片与左边文本的距离为 40px。

扫码观看视频

前导知识

5.1 字体样式

文字是网页最基本的组成元素。在网页标签中，可以通过标题标签和段落标签来插入文字，这些标签有默认的样式。在实际应用中，可以通过 CSS 样式来修改这些文字的显示效果。文字的字体样式属性主要包括：font-style、font-variant、font-weight、font-size、font-family。

5.1.1 字体样式 font-style

font-style 属性可以设置元素的文本是否为斜体。此属性的取值如表 5-1 所示。

表 5-1 font-style 的属性值

值	描述
normal	默认值，标准的字体样式
italic	斜体的字体样式
oblique	倾斜的字体样式

例如，将网页中 em 元素的文本显示为正常的字体样式。样式代码如下所示。

```
em {font-style: normal;}
```

5.1.2 字体变体 font-variant

font-variant 属性可以设置元素是否以 small-caps 字体显示文本。其值有两个：normal（正常的字体）和 small-caps（小型的大写字母字体）。

使用该属性可以将元素中所有的小写字母都转换为大写字母。该属性仅作用于英文字符，不经常使用。

5.1.3 字体粗细 font-weight

font-weight 属性可以设置文本的粗细。该属性的取值如表 5-2 所示。

表 5-2 font-weight 的属性值

值	描述
normal	默认值，定义标准的字符
bold	定义粗体字符
bolder	定义更粗的字符
lighter	定义更细的字符
100	200	300	400	500	600	700	800	900	定义由细到粗的字符，400 等同于 normal，而 700 等同于 bold

5.1.4 字体大小 font-size

font-size 属性可以设置字体的大小。该属性的取值如表 5-3 所示。

表 5-3 font-size 的属性值

值	描述
xx-small x-small small medium large x-large xx-large	把字体的大小设置为不同的尺寸，从 xx-small 到 xx-large 默认值为 medium
smaller	把字体设置为比父元素文本字体更小的尺寸
larger	把字体设置为比父元素文本字体更大的尺寸
length	把字体大小设置为一个固定值
%	把字体大小设置为基于父元素文本字体大小的一个百分比值

实际开发中，一般将 font-size 属性值设置为一个“像素值”。例如，下面的代码将标题 h1 元素的文本字体大小设置为 40 像素。

```
h1 {font-size: 40px;}
```

px（像素）是相对于显示器屏幕分辨率而言的字体大小的单位。任意浏览器的默认字体大小都是 16px。除了 px，还可以使用 em 和 rem 作为字体大小的单位。

em 是相对于当前对象内文本的字体大小的单位。如果当前对象内文本的字体大小被设置为 14px，则 1em=14px；如果当前对象内文本的字体大小未被设置，则相对于浏览器的默认字体大小来换算，即 1em=16px。

rem 是指相对于根元素文本的字体大小的单位。如果设置 html 根元素的字体大小为 10px，则 1rem=10px。

5.1.5 字体系列 font-family

font-family 属性可以设置文字的字体。该属性的取值可以是多个字体名称，按优先顺序排列并以逗号隔开。如果字体名称包含空格或中文，则应使用引号将其引起来。代码如下所示。

```
p {font-family: "方正楷体","微软雅黑";}
```

这段 CSS 代码规定了 p 元素的字体，优先使用方正楷体。假设计算机中没有方正楷体的字体文件，但是有微软雅黑的字体文件，则浏览器中会以微软雅黑的字体显示 p 元素的文本。

5.1.6 font 属性

font 属性是一个简写属性。可以在一个声明中设置所有的 font 属性。该属性的基本语法格式如下所示。

```
font: font-style font-variant font-weight font-size/line-height font-family;
```

其中 font-size 属性值和 font-family 属性值是必须设置的，其他属性值可以省略不写，未设置的属性会使用其默认值。

例如，下面 example5-1.html 的代码在网页中插入了一个标题，并为该元素设置了 font 属性。

```
1  <!DOCTYPE html>
2  <html>
3    <head>
4      <meta charset="utf-8">
5      <title>文字样式</title>
6      <style>
7        h1 {
8          font: italic normal 20px/30px "楷体";
9        }
10     </style>
11   </head>
12   <body>
13     <h1>这是网页标题</h1>
14   </body>
15 </html>
```

在浏览器中运行此代码，标题的默认格式如图 5-2（a）所示；设置了 CSS 样式之后，显示效果如图 5-2（b）所示。

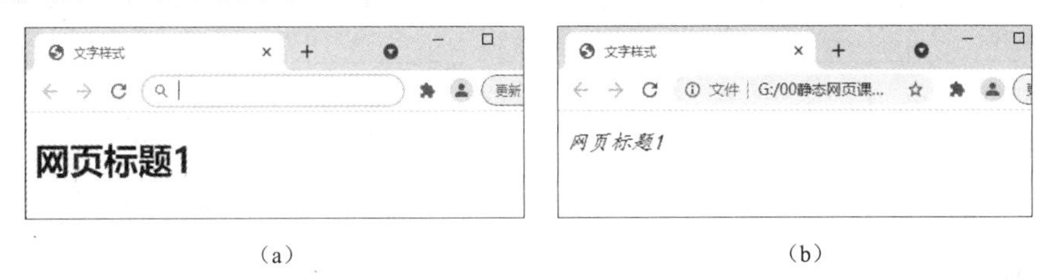

（a）　　　　　　（b）

图 5-2　设置字体样式的效果

5.2 文本样式

除了可以设置网页中文本的字体样式，还可以设置文本的颜色及段落的样式效果。

5.2.1　文本颜色 color

color 属性可以设置文本的颜色。在 CSS 中，常用的颜色值由以下 3 种方法指定。

（1）输入 CSS 颜色规范预定义的颜色名称。

（2）输入十六进制颜色代码：#RRGGBB，其中包含 RR（红色）、GG（绿色）和 BB（蓝色），所有值必须介于 0 和 FF 之间。

（3）输入 RGB 代码：RGB（红色、绿色、蓝），每个参数定义其对应颜色的亮度，取值在 0 和 255 之间，或一个百分比值（从 0% 到 100%）。

例如，以下代码分别用 3 种方式设定了对应元素的颜色。

```
1  body {color: red;}              /* 设置网页文字颜色为红色 */
2  h1 {color: #00FF00;}            /*设置 h1 标题颜色为绿色*/
3  h2 {color: rgb(0,0,255);}       /*设置 h2 标题颜色为蓝色*/
```

5.2.2 文本的对齐方式 text-align

text-align 属性可以用来设置文本的水平对齐方式。其属性值及效果如表 5-4 所示。

表 5-4 text-align 的属性值

值	描述	显示效果
left	默认值，文本左对齐	要成就大事业，必须从小事做起
right	文本右对齐	要成就大事业，必须从小事做起
center	文本居中对齐	要成就大事业，必须从小事做起
justify	文本两端对齐	要想成功，你必须自己制造机会，绝不能愚蠢地坐在路边，等待有人经过，邀请你同往财富与幸福之路

以下代码可以将 h1 元素的文本设置为在网页中居中显示。

```
h1 {text-align: center;}
```

5.2.3 文本修饰 text-decoration

text-decoration 属性用来设置或删除文本的装饰线。其属性值及效果如表 5-5 所示。

表 5-5 text-decoration 的属性值

值	描述	显示效果
none	默认值，文本无装饰线	标准文字
overline	定义文本的上划线	上划线效果
underline	定义文本的下划线	下划线效果
line-through	定义文本的删除线	删除线效果

在实际应用中，经常使用该属性来删除超链接的下划线效果。示例代码如下所示。

```
a {text-decoration: none;}
```

5.2.4 文本转换 text-transform

text-transform 属性用来指定文本中的大写字母和小写字母。可用于将所有字母变成大写或小写，或将每个单词的首字母变为大写。其属性值及效果如表 5-6 所示。

表 5-6 text-transform 的属性值

值	描述	显示效果
none	默认值，定义带有小写字母和大写字母的标准的文本	This is some text.
capitalize	文本中的每个单词以大写字母开头	This Is Some Text.
uppercase	定义无小写字母仅有大写字母	THIS IS SOME TEXT.
lowercase	定义无大写字母，仅有小写字母	this is some text.

5.2.5 文本缩进 text-indent

text-indent 属性用来指定文本段落第一行的缩进。其属性值可以设置为固定的像素值，也可以设置为百分比，用来定义基于父元素宽度的百分比缩进。

在实际应用中，经常需要设置段落的格式为首行缩进两个字符。代码如下所示。

```
p {text-indent: 2em;} /*此处 em 是相对单位，2em 即当前一个字大小的两倍*/
```

5.2.6 行高 line-height

line-height 属性用于设置行与行之间的距离，也就是行高。该属性的取值可以设置为固定的像素值，也可以设置为百分比或者倍数，以基于文本的 font-size 属性值的大小来进行换算。

下面 example5-2.html 的代码设置了一段文字的基本样式。

```
1  <!DOCTYPE html>
2  <html>
3    <head>
4    <meta charset="utf-8">
5    <title></title>
6      <style>
7        h1 {
8          text-align: center;              /* 定义文本居中对齐*/
9          text-transform: uppercase;       /* 定义仅有大写字母*/
10         color: #4CAF50;
11       }
12       p {
13         text-indent: 50px;               /* 定义首行缩进 50px*/
14         text-align: justify;             /* 定义文本两端对齐*/
15         line-height: 50px;               /* 定义文本行高*/
16       }
17       a {
18         text-decoration: none;           /* 定义文本无装饰线*/
19         color: #008CBA;
20       }
21     </style>
22   </head>
23   <body>
24     <div>
25       <h1>text example</h1>
26       <p>Confucius remarked, "There are three kinds of friendship which are beneficial
and three kinds which are injurious. Friendship with upright men, with faithful men, and
with men of much information: such friendship are beneficial. Friendship with plausible
men, with men of insinuating manners, and with glibtongued men: such friendships are <a
href = "#" injurious</a>."
27       </p>
28     </div>
29   </body>
30 </html>
```

代码在浏览器中的运行效果如图 5-3 所示。

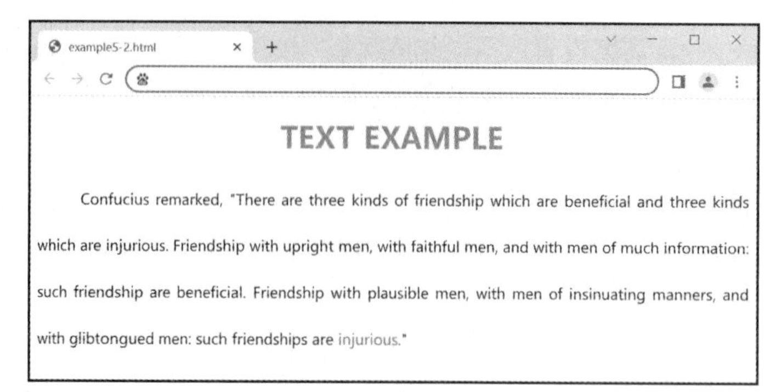

图 5-3　文字样式效果

小贴士

上面的案例引用了孔子的名言"益者三友"，意思是："有益的朋友有三种，有害的朋友有三种。结交正直的朋友、诚信的朋友、知识广博的朋友，是有益的。结交谄媚逢迎、表面奉承而背后诽谤他人的人、善于花言巧语的人，是有害的。"

5.3 边框样式

CSS 的边框属性可以指定元素边框的样式和颜色。在网页中看到的直线，如边框线、分割线等，都可以用元素的边框属性来设置。

5.3.1　边框样式 border-style

border-style 属性用于指定要显示的边框类型。其属性值与效果如表 5-7 所示。

表 5-7　边框样式的属性值

值	描述	显示效果
none	无边框	无边框
hidden	与 none 效果相同，不过应用于表时除外。对于表，hidden 用于解决边框冲突	隐藏边框
dotted	点状边框	点状边框
dashed	虚线边框	虚线边框
solid	实线边框	实线边框
double	双线边框，双线的宽度等于 border-width 的值	双线边框
groove	3D 凹槽边框，其效果取决于 border-color 的值	凹槽边框
ridge	3D 垄状边框，其效果取决于 border-color 的值	垄状边框
inset	3D 嵌入边框，其效果取决于 border-color 的值	嵌入边框
outset	3D 外凸边框，其效果取决于 border-color 的值	外凸边框

border-style 属性的取值可以有一到四个。

（1）如果 border-style 属性设置 4 个值，例如“border-style: dotted solid double dashed;”，表示上边框是点状边框、右边框是实线边框、下边框是双线边框、左边框是虚线边框（顺时针方向）。

（2）如果 border-style 属性设置 3 个值，例如“border-style: dotted solid double;”，表示上边框是点状边框、右和左边框是实线边框、下边框是双线边框。

（3）如果 border-style 属性设置两个值，例如“border-style: dotted solid;”，表示上和下边框是点状边框、右和左边框是实线边框。

（4）如果 border-style 属性设置一个值，例如“border-style: dotted;”，表示 4 条边均为点状边框。

例如下面 example5-3.html 的代码，分别设置了 border-style 不同个数的属性值。

```
1  <!DOCTYPE html>
2  <html>
3    <head>
4    <meta charset="utf-8">
5    <title></title>
6      <style>
7        body {text-align: center;}
8        p.four {border-style: dotted solid double dashed;}   /* 边框设置 4 个值 */
9        p.three {border-style: dotted solid double;}         /* 边框设置 3 个值 */
10       p.two {border-style: dotted solid;}                  /* 边框设置两个值 */
11       p.one {border-style: dotted;}                        /* 边框设置一个值 */
12     </style>
13   </head>
14   <body>
15     <p class="four">4 种不同的边框样式。</p>
16     <p class="three">3 种不同的边框样式。</p>
17     <p class="two">两种不同的边框样式。</p>
18     <p class="one">一种边框样式。</p>
19   </body>
20 </html>
```

代码在浏览器中的运行效果如图 5-4 所示。

图 5-4 设置不同个数边框属性值的效果

5.3.2 边框颜色 border-color

border-color 属性用于设置边框的颜色，其取值与 color 属性相同，可以使用十六进制颜色代码、RGB 代码或者 CSS 颜色规范预定义的颜色名称来指定。注意：单独使用 border-color 属性是不起作用的，必须先使用 border-style 属性设置边框样式。

border-color 属性的取值同样可以有一到四个，其原理与 border-style 的取值方式相同。

5.3.3 边框宽度 border-width

border-width 属性用于设置边框的宽度。其属性值如表 5-8 所示。

表 5-8 border-width 的属性值

值	描述
thin	定义细的边框
medium	默认值，定义中等粗细的边框
thick	定义粗的边框
length	允许自定义边框的宽度

在实际应用中，border-width 的属性值可以根据想要的网页效果来自定义，一般使用具体的像素值来定义宽度。

border-width 属性的取值同样可以有一到四个，其原理与 border-style 属性的取值相同。

例如，定义边框样式和宽度的代码如下所示。

```
1 p {
2   border-style: solid;
3   border-width: 15px 10px 10px 5px;
4 }
```

上面这段代码设定了段落的边框样式为实线，边框宽度分别为上边框 15px，右边框 10px，下边框 10px，左边框 5px。

5.3.4 边框各边

元素的边框可以使用上述 3 个属性来定义。但是在实际应用中，如果只有一个方向需要设置边框，使用上面的属性进行定义就比较麻烦。CSS 提供了一些属性可用于指定每个边框的样式，例如 border-top-style、border-top-width、border-top-color 可以用来单独设定上边框的样式、宽度和颜色。其他方向的边框属性也是类似的结构，只需要将 top（上）替换为 bottom（下）、right（右）、left（左）即可。

例如对 h1 元素设置一个 1px 宽度的黑色实线下边框，可以使用如下代码。

```
1 h1 {
2   border-bottom-style: solid;
3   border-bottom-color: #000;
4   border-bottom-width: 1px;
5 }
```

5.3.5 border 属性

border 属性是 border-style、border-width 和 border-color 属性的简写。其中 border-style 必须设置属性值。例如下面的代码中，使用 border 属性对 p 元素设置了 4 条边的宽度都为 5px 的红色实线边框。

```
p {border: 5px solid red;}      /*属性值用空格分开，顺序没有固定要求*/
```

除了统一设置 4 个方向上边框的 border 属性，还可以对各个方向上的边框进行单独设置。属性分别为 border-left、border-right、border-top 和 border-bottom。使用方法与 border 属性一样。

例如，需要对 h1 元素设置一个 1px 宽度的红色实线下边框的代码可以简化如下。

```
h1 {border-bottom: 1px solid red;}
```

5.3.6 边框圆角属性 border-radius

border-radius 属性可以为任何元素制作圆角效果。该属性为简写属性，用于设置 4 个角的圆角效果。其属性值可以使用具体的像素值或者百分比来定义圆角形状。

如果对 border-radius 属性只指定一个值，那么将生成 4 个相同的圆角。如果要在四个角上分别设置不同的圆角效果，可以使用以下规则。

（1）设置 4 个值：第一个值对应左上角，第二个值对应右上角，第三个值对应右下角，第四个值对应左下角（顺时针方向）。

（2）设置 3 个值：第一个值对应左上角，第二个值对应右上角和左下角，第三个值对应右下角。

（3）设置两个值：第一个值对应左上角和右下角，第二个值对应右上角和左下角。

（4）设置一个值：4 个圆角值相同。

例如，下面 example5-4.html 的代码设置了 4 个 div 元素，使用.box 选择器规定统一的宽度和高度及背景颜色，使用不同的圆角属性取值来设置对应的效果。

```
1  <!DOCTYPE html>
2  <html>
3    <head>
4      <meta charset="utf-8">
5      <title>圆角边框</title>
6      <style type="text/css">
7        .box {
8          width: 200px;
9          height: 100px;
10         background-color: #6FB525;
11         float: left;
12         margin-right: 20px;
13       }
14       .box1 {border-radius: 15px 50px 30px 5px;}
15       .box2 {border-radius: 15px 50px 30px;}
16       .box3 {border-radius: 15px 50px;}
17       .box4 {border-radius: 15px;}
18     </style>
19   </head>
20   <body>
21     <div class="box box1"></div>
22     <div class="box box2"></div>
23     <div class="box box3"></div>
24     <div class="box box4"></div>
25   </body>
26 </html>
```

在浏览器中运行以上代码，可以得到图 5-5 所示的效果。

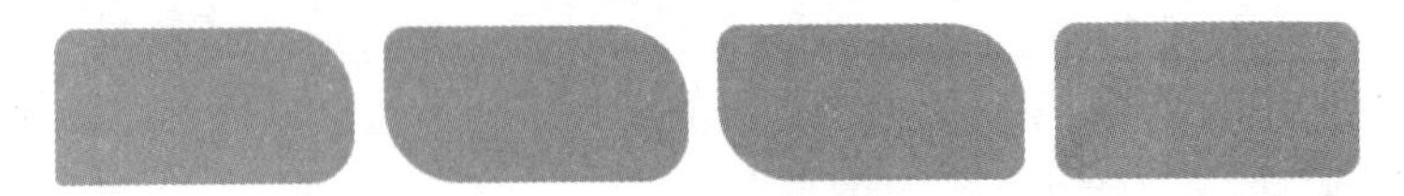

图 5-5 圆角边框效果

5.4 图片样式

图片也是网页中常见的元素。对于网页中的图片显示，主要可以设置图片的大小和显示的位置。

5.4.1 宽度 width

width 属性可以设置元素的宽度，其属性值可以设置为固定宽度或相对宽度。固定宽度可以使用 px 等单位来定义，相对宽度可以使用“%”来定义基于块（父元素）宽度的百分比宽度。

5.4.2 高度 height

height 属性可以设置元素的高度。其属性值的设置方法与 width 属性的相同。

5.4.3 浮动 float

float 属性可以设置元素向左或向右移动（即 float 属性值设置为 left 或 right），其周围的元素也会重新排列。将图片设置为向左或向右浮动，可以实现图片下面的文本环绕在图片周围的图文混排的效果。

图 5-6 所示的公司简介模块的效果，是一张图片和文字的混排效果。

图 5-6 图文混排效果

要实现该效果，可以使用 CSS 样式定义图片的宽度和高度，并为其设置边框，然后将图片设置为向左浮动。例如下面 example5-5.html 的代码所示。

```
1  <!DOCTYPE html>
2  <html>
3    <head>
4      <meta charset="utf-8">
5      <title></title>
6      <style>
7        .about {
8          width: 1170px;
9          margin: auto;
10       }
```

```
11        .about h2 {
12          margin: 20px 0;
13        }
14        .about img {
15          width: 230px;
16          height: 150px;
17          float: left;
18          border: #0072C6 solid 1px;
19          padding: 6px;
20          margin-right: 40px;
21        }
22        .about p {
23          text-indent: 2em;
24          line-height: 40px;
25          color: #666666;
26          font-size: 14px;
27          text-align: justify;
28        }
29        .about p a {
30          font-weight: bold;
31          margin: 0 10px;
32        }
33        .about p a:hover {text-decoration: underline;}
34      </style>
35    </head>
36    <body>
37      <section class="about">
38        <h2>公司简介</h2>
39        <img src="img/gongsi.jpg" />
40        <p>都达科技股份有限公司是一个技术专业化、管理科学化、人员年轻化的现代化民营企业。公司主要生产和销售汽车空调配件、控制阀、泄压阀、速度传感器、过热保护器等。“专业、安全、创新”是我们永远追求的目标。我们秉承让客户满意就是企业发展的追求，用最安全、最优质的产品服务于我们的客户。我们坚信没有落后的产业，只有落后的产品，我们始终以创造、创新为发展方向，不断推出适合消费者的新产品！<a href="#">查看更多</a>
41        </p>
42      </section>
43    </body>
44  </html>
```

代码在浏览器中的运行效果如图 5-6 所示。

任务实现

根据任务描述，观察分析公司简介的网页效果，可以看出整个公司简介的内容需要放在<article>标签中，需要设置整个公司简介模块的宽度，为标题设置字体格式及下边框，为段落文字设置首行缩进的效果、字体和行间距，设置图片大小、边框效果并使图片居右显示，为<strong>标签文字设置下划线，让<em>标签文字正常加粗显示，颜色为红色。

打开 Dudaweb 项目中的公司简介网页 gsjj.html，添加<article>标签和样式代码。代码如下所示。

```
1  <!DOCTYPE html>
2  <html>
3    <head>
4      <meta charset="utf-8">
5      <title></title>
6      <style type="text/css">
7         * {
8           margin: 0;
9           padding: 0;
10        }
11        article {
12          width: 920px;
13          font-size: 14px;
14        }
15        .main h2 {
16          line-height: 50px;
17          font-size: 16px;
18          border-bottom: 1px solid #DDD;
19        }
20        .main img {
21          width: 220px;
22          height: 130px;
23          float: right;
24          border: 3px double #0072C6;
25          margin-left: 40px;
26        }
27        .main p {
28          text-indent: 2em;
29          line-height: 2em;
30          text-align: justify;
31        }
32        .main strong {text-decoration: underline;}
33        .main em {
34          font-style: normal;
35          color: red;
36          font-weight: bold;
37        }
38      </style>
39    </head>
40    <body>
41      <article class="main">
42        <h2>公司简介</h2>
43        <img src="img/gsjj.jpg" />
44        <p>都达科技股份有限公司于 2010 年成立于常州，距上海两小时车程，是一个技术专业化、管理科学化、
人员年轻化的现代化民营企业。公司主要生产和销售汽车空调配件、控制阀、泄压阀、速度传感器、过热保护器等。
```

```
"专业、安全、创新"是我们永远追求的目标。我们秉承让客户满意就是企业发展的追求，用最安全、最优质的产品服务于我们的客户。我们坚信没有落后的产业，只有落后的产品。我们始终以创造、创新为发展方向，不断推出适合消费者的新产品！
45          </p>
46          <img src="img/ggjj2.jpg" />
47          <p>我公司厂房占地 2 万多平方米，拥有各类专用数控加工大型设备 300 多台，拥有 6 条全自动化生产线及全套的生产检测设备。现有员工 90 名，其中技术人员 10 名，另外聘用研究员、高级工程师两名，作为公司的长期技术顾问。我们以成为让客户满意的汽车零部件制造商为目标，所有的零件都是全新制造。全新的、高品质的控制阀能满足几乎所有的汽车空调压缩机的需求。都达通过并严格按照<strong>ISO9001：2011，IATF16949 TUV</strong>质量体系标准控制质量。保质保量和客户较高的满意度为我们赢得了声誉和品牌价值。自动化的生产和检测设备确保所有产品出厂前都经过严格的检测。成熟的产品研发团队和专业的实验室能确保研发的新产品满足客户的全部要求。都达自主研发的控制阀已经<em>获得国家 17 项实用新型专利</em>。
48          </p>
49          <p>稳定的质量、有竞争力的成本、齐全的产品、快速的运输，所有这些都为增强客户黏性、加快业务增长提供支持。我们真诚地邀请您随时访问我们的网站和工厂。</p>
50        </article>
51      </body>
52    </html>
```

至此，任务 1 "设置公司简介网页的样式"完成。

代码在浏览器中的运行效果如图 5-1 所示。

任务2 设置新闻中心模块的样式

任务描述

打开单元 2 任务 2 的 Dudaweb 项目中的新闻中心模块网页 news.html，为其添加 CSS 样式，使其显示效果如图 5-7（b）所示。

新闻中心

- 企业质量诚信经营承诺书05-16
- 匠心专注，严格抽检中获五星好评04-08
- 公司组织员工积极参与运动会04-08
- 热烈祝贺我公司顺利通过省高新技术企业认定04-08
- 党支部成员补种景观树04-08

（a）未添加 CSS 样式的效果

（b）添加 CSS 样式后的效果

图 5-7　新闻中心模块效果图

具体样式要求如下。

（1）设置该模块的宽度为 400px。

（2）设置"新闻中心"标题的字号为 20px，行高为 50px。

（3）各列表项标志使用 icon1.jpg 图片，设置列表项行高为 50px。除最后一项外，为其他列表项设置底部边框，边框为 1px 宽的虚线，颜色为#D1D1D1。

（4）设置日期向右浮动。

（5）设置列表超链接文本的颜色为#000000，鼠标指针指向列表链接文本时，颜色变为#FFA500。

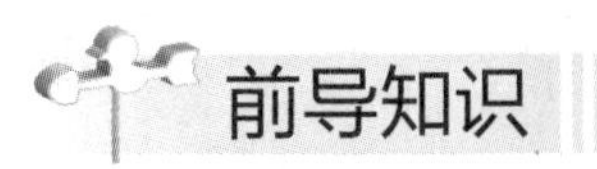

扫码观看视频

5.5 背景样式

CSS 背景属性用于定义元素的背景效果，可以分为背景颜色和背景图像两种。

5.5.1 背景颜色 background-color

background-color 属性可以设置网页元素的背景颜色。其属性值与文本颜色的取值一样，可以设置为预定义的颜色名称、十六进制颜色代码或者 RGB 代码。例如，对 h1、p 和 div 元素分别设置不同的背景颜色的代码如下。

```
1  h1 {background-color: red;}
2  p {background-color: #00FF00;}
3  div {background-color: rgb(0,0,255);}
```

5.5.2 背景图像 background-image

background-image 属性可以将图像设置为网页元素的背景。默认情况下，图像会重复以覆盖整个元素。例如，下面 example5-6.html 的代码为 body 元素设置了背景图像。

```
1  <!DOCTYPE html>
2  <html>
3    <head>
4      <meta charset="utf-8">
5      <title>背景图像</title>
6      <style>
7        body {background-image: url(img/paper.gif);}
8      </style>
9    </head>
10   <body>
11   </body>
12 </html>
```

代码在浏览器中的运行效果如图 5-8 所示。

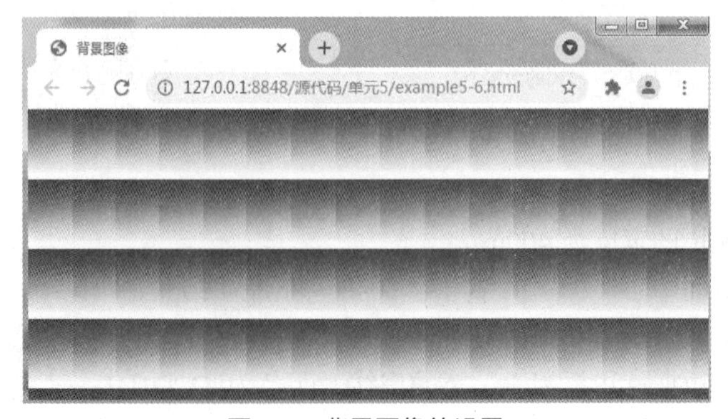

图 5-8　背景图像的设置

注意：

使用背景图像时，选择的图像不能干扰网页中的文本。

5.5.3　背景重复 background-repeat

在默认的情况下，背景图像会自动在水平方向和垂直方向重复以覆盖整个元素。如果不需要图像重复平铺，或只希望图像沿着一个方向平铺，则可以通过设置 background-repeat 属性来控制。该属性的取值如表 5-9 所示。

表 5-9　background-repeat 的属性值

值	描述
repeat	默认值，背景图像将沿垂直和水平方向重复
repeat-x	背景图像将只沿水平方向重复
repeat-y	背景图像将只沿垂直方向重复
no-repeat	背景图像不会重复

例如，下面 example5-7.html 的代码通过设置背景图像的重复属性来定义导航栏的背景。

```
1  <!DOCTYPE html>
2  <html>
3    <head>
4      <meta charset="utf-8">
5      <title></title>
6      <style>
7        nav {
8          background-image: url("img/nav-bg.jpg");   /* 设置背景图像 */
9          background-repeat: repeat-x;               /* 设置背景图像沿水平方向重复 */
10         line-height: 40px;                         /* 设置行高 */
11       }
12     </style>
13   </head>
14   <body>
15     <nav>
16       <a href="#">首页</a>
17     </nav>
18   </body>
19 </html>
```

代码在浏览器中的运行效果如图 5-9 所示。

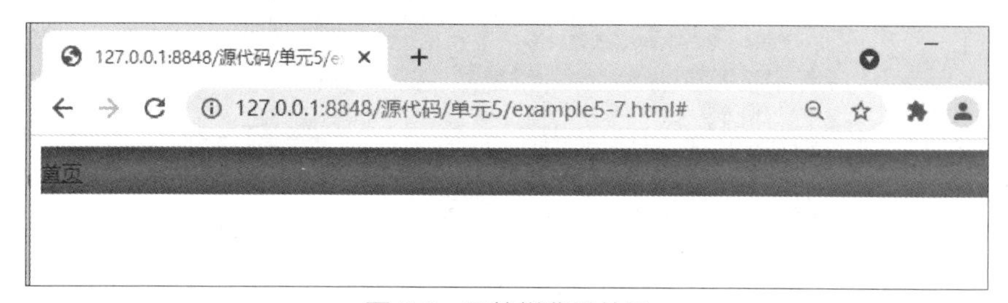

图 5-9　导航栏背景效果

5.5.4　背景位置 background-position

background-position 属性可以设置背景图像在页面中的位置。当背景图像的 background-repeat 属性设置为 no-repeat 时，背景图像在页面中只显示一次。为了让页面排版更加合理，不影响文本的阅读，可以改变背景图像的位置。

例如，下面 example5-8.html 的代码设置了一个背景图像不重复且其位置在网页右上角的背景实例。

```
1  <!DOCTYPE html>
2  <html>
3    <head>
4      <meta charset="utf-8">
5      <title></title>
6      <style type="text/css">
7        body {
8          background-image: url(img/book.jpg);
9          background-repeat: no-repeat;       /* 设置背景图像不重复 */
10         background-position: right top;   /* 设置背景图像的位置靠右上角 */
11       }
12       p {
13         width: 300px;
14         text-indent: 2em;
15         line-height: 2em;
16         margin-right: 130px;
17       }
18     </style>
19   </head>
20   <body>
21     <p>我国有一句谚语叫作“活到老，学到老”，它来源于对以往经验的总结。许多人认为离开学校后，他们的学习生活将会结束。事实上，生活本身也是一种学习，而在工作的过程中，经验的积累和技能的掌握也是一种学习。可以说，学习永无止境。
22     </p>
23   </body>
24 </html>
```

代码在浏览器中的运行效果如图 5-10 所示。可以发现，背景图像仅显示了一次，并且位于网页右上角。而且此例还在段落右侧添加了外边距，因此背景图像不会干扰文本。

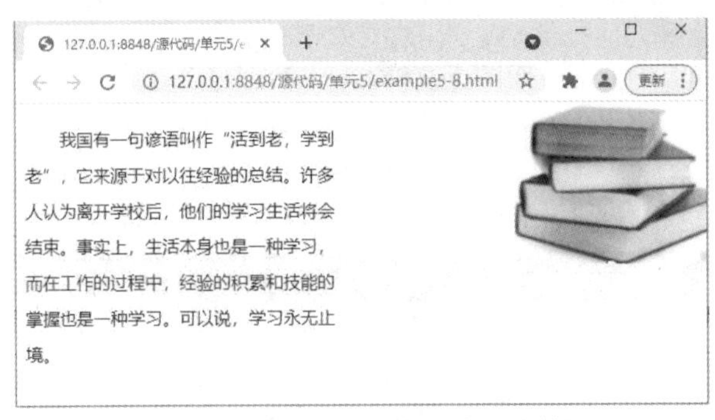

图 5-10　设置背景图像的位置的效果

小贴士

学习是人一生的需要。每个人都要养成学习知识的习惯，要不断地学习新的知识、新的技术，这样才能跟上时代的步伐。IT 行业里不存在一劳永逸的技术，只存在不断学习的人！

5.5.5 背景附着 background-attachment

background-attachment 属性用于指定背景图像是滚动的还是固定的（不会随页面的其余部分一起滚动）。其属性值有 scroll（滚动）和 fixed（固定）两种。

例如 example5-9.html 为 example5-8.html 中的 body 元素的背景样式增加了 background-attachment 属性，body 元素中的文本变成长文本会使得网页窗口出现滚动条。代码如下所示。

```
1  <!DOCTYPE html>
2  <html>
3    <head>
4      <meta charset="utf-8">
5      <title></title>
6      <style type="text/css">
7        body {
8          background-image: url(./img/book.jpg);
9          background-repeat: no-repeat;
10         background-position: right top;
11         background-attachment: fixed;      /* 设置背景图像固定 */
12       }
13       p {
14         width: 300px;
15         text-indent: 2em;
16         line-height: 2em;
17         margin-right: 130px;
18       }
19     </style>
20   </head>
21   <body>
22     <p>
23       …     <!--此处省略长文本内容-->
24     </p>
25   </body>
26 </html>
```

此时在浏览器窗口上下滚动鼠标滚轮，可以发现背景图像一直固定在网页的右上角，不会随着页面的其余部分发生滚动。

5.5.6 background 属性

background 属性是一个简写属性。可以在一条声明中设置多个 background 属性，例如案例 example5-9 中第 7 ~ 12 行代码可以简写为以下代码。

```
body{background:url(img/book.png)no-repeat fixed right top;}
```

需要注意的是，在使用简写属性时，属性值的设置顺序为 background-color、background-image、background-repeat、background-attachment、background-position。属性值之间用空格分开。属性值之一缺失并不要紧，只要按照此顺序设置其他值即可。

5.5.7 渐变背景

CSS3 渐变可以显示两种或多种指定颜色之间的平滑过渡。

早期的 CSS 版本不能实现渐变背景，只能使用图像来实现页面的渐变效果。CSS3 通过 background-image 属性可以实现丰富的渐变效果，减少下载网页的时间和带宽的使用。此外，CSS3 实现的渐变效果由浏览器自动生成，颜色之间的过渡更加平滑，在放大时效果更好。

CSS3 定义了两种渐变类型：一种是线性渐变（方向为向下、向上、向左、向右，或沿对角线），另一种是径向渐变（由其中心定义）。

为了创建一个线性渐变，必须定义至少两种颜色节点。默认情况下，渐变方向为从上到下，用户可以设置起点和方向（或角度），以及渐变效果。

线性渐变的语法格式如下所示。

```
background-image: linear-gradient(direction,color-stop1,color-stop2,...);
```

例如，下面 example5-10.html 的代码定义了一个高度和宽度都是 200px 的 div 元素，并设置其背景为起点为红色、终点为黄色的从上到下的渐变。

```
1  <!DOCTYPE html>
2  <html>
3    <head>
4      <meta charset="utf-8">
5      <title>渐变背景</title>
6      <style type="text/css">
7        .box1 {
8          width: 200px;
9          height: 200px;
10         background-image: linear-gradient(red, yellow);  /* 设置背景渐变 */
11       }
12     </style>
13   </head>
14   <body>
15     <div class="box1"></div>
16   </body>
17 </html>
```

代码在浏览器中的运行效果如图 5-11 所示。

图 5-11　从上到下的背景渐变

如果需要定义不同方向的渐变效果，可以在属性代码中设置方向，例如从左到右的渐变效果可以使用 to right，从左上角到右下角的渐变效果可以使用 to bottom right。例如，example5-11.html 中定义了与上例相同的 div 元素，背景渐变样式设置为从左上角开始到右下角的线性渐变，起点是红色，慢慢过渡到黄色。将 example5-10.html 的第 10 行代码替换如下，即为 example5-11.html 的代码。

```
background-image: linear-gradient(to bottom right,red,yellow);
```

代码在浏览器中的运行效果如图 5-12 所示。

为了创建一个径向渐变，也必须定义至少两种颜色节点。默认情况下，径向渐变的中心是 center（表示位于中心点），渐变的形状是 ellipse（表示椭圆形），渐变的大小是 farthest-corner（表示到最远的角落）。也可以重新指定渐变的中心、形状（圆形或椭圆形）和大小。

径向渐变的语法格式如下所示。

```
background-image: radial-gradient(shape size at position, start-color, ..., last-color);
```

例如，example5-12.html 中定义了与 example5-10.html 中相同的 div 元素，设置了默认情况下，颜色节点均匀分布的径向渐变效果。将 example5-10.html 的第 10 行代码替换如下。

```
background-image: radial-gradient(red, yellow, green);
```

代码在浏览器中的运行效果如图 5-13 所示。

图 5-12　从左上角到右下角的背景渐变

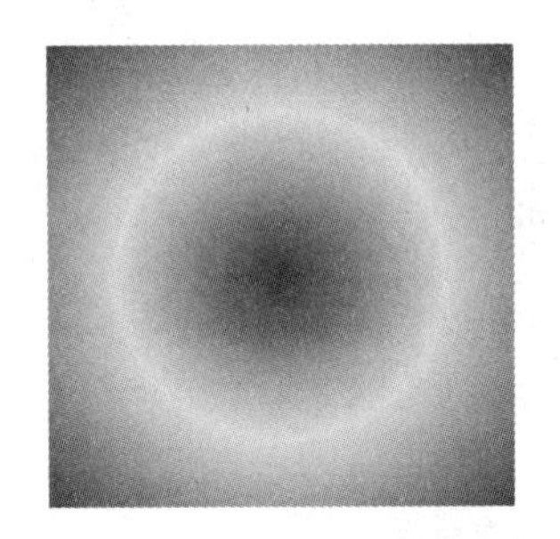

图 5-13　径向渐变背景

5.6 超链接样式

5.6.1　超链接的样式

设置超链接的样式可以使用前面讲过的任何 CSS 属性，例如颜色、字体、背景等。在网页设计中，经常会使用 text-decoration 属性将超链接的默认下划线样式去掉。该样式经常写在样式文件的最前面，语法如下所示。

```
a {text-decoration: none;}
```

5.6.2　超链接不同状态下的样式

当超链接处于不同状态时，可以为其设置不同的样式。超链接的状态可以分为以下 4 种，如表 5-10 所示。

表 5-10 超链接的状态

伪类选择器	描述
a:link	正常的，未被访问的超链接
a:visited	用户访问过的超链接
a:hover	用户将鼠标指针悬停在超链接上时
a:active	超链接被单击时

例如下面这段代码，可以为处于不同状态的超链接的文字设置颜色。

```
a:link {color: red;}          /* 未被访问的超链接 */
a:visited {color: green;}     /* 已被访问的超链接 */
a:hover {color: hotpink;}     /* 鼠标指针悬停在超链接上 */
a:active {color: blue;}       /* 被单击的超链接 */
```

在实际开发中，经常将超链接的样式简化为设置 a 和 a:hover 这两种状态的样式。

例如，下面 example5-13.html 的代码可以将一个超链接设置成一个按钮形式。

```
1  <!DOCTYPE html>
2  <html>
3   <head>
4     <meta charset="utf-8">
5     <title>超链接按钮</title>
6     <style>
7       a {
8         background-color: red;
9         color: white;
10        padding: 14px 25px;
11        text-align: center;
12        text-decoration: none;
13      }
14      a:hover,a:active {background-color: pink;}
15    </style>
16  </head>
17  <body>
18    <a href="#" target="_blank">这是一个超链接</a>
19  </body>
20 </html>
```

代码在浏览器中的运行效果如图 5-14 所示。

（a）鼠标指针未悬停在超链接上时的状态

（b）鼠标指针悬停在超链接上时的状态

图 5-14　超链接按钮的效果

5.7 列表样式

5.7.1 列表项标记类型 list-style-type

在 HTML 中，常用列表主要包括无序列表<ul>和有序列表<ol>两种。在标签中可以通过 type 属性来定义列表项标记，不过在实际操作中，经常使用 CSS 样式来修改这些列表项标记。

list-style-type 属性用来指定列表项标记的类型。其常见的属性值及效果如表 5-11 所示。

表 5-11 list-style-type 的常用属性值

列表类型	属性值	显示效果
无序列表	默认值为 disc	●
	circle	○
	square	■
有序列表	默认值为 decimal	阿拉伯数字 1、2、3……
	upper-alpha	大写英文字母 A、B、C……
	lower-alpha	小写英文字母 a、b、c……
	upper-roman	大写罗马数字 I、II、III……
	lower-roman	小写罗马数字 i、ii、iii……
无序列表和有序列表	none	不显示任何符号

5.7.2 用图像作为列表项标记 list-style-image

list-style-image 属性用于将图像指定为列表项标记，其应用示例如下 example5- 14.html 的代码所示。

```
1  <!DOCTYPE html>
2  <html>
3    <head>
4      <meta charset="utf-8">
5      <title></title>
6      <style type="text/css">
7        ul {list-style-image: url(img/shuye.gif);}
8      </style>
9    </head>
10   <body>
11     <ul>
12       <li>红茶</li>
13       <li>绿茶</li>
14       <li>乌龙茶</li>
15     </ul>
16   </body>
17 </html>
```

代码在浏览器中的运行效果如图 5-15 所示。将选择的图像设置为列表项标记需要注意的是，在选择图像时需要将图像的背景色设置为透明色，图像的格式最好为 GIF 或者 PNG 格式。

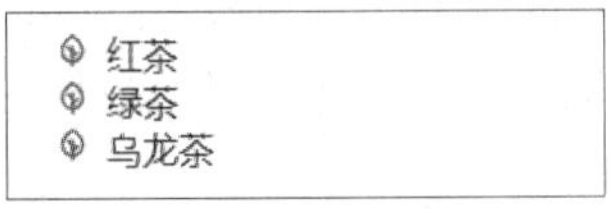

红茶
绿茶
乌龙茶

图 5-15 将图像作为列表项标记

5.7.3 列表项标记位置 list-style-position

list-style-position 属性用于指定列表项标记（项目符号）的位置。其属性值及效果如表 5-12 所示。

表 5-12　list-style-position 的属性值

值	描述	显示效果
outside	默认值，项目符号将在列表项之外	• Coffee • Tea • Coca-cola
inside	项目符号将在列表项内	• Coffee • Tea • Coca-cola

5.7.4　list-style 属性

list-style 属性是一种简写属性，用于在一条声明中设置所有列表属性。在使用简写属性时，属性值的设置顺序为 list-style-type（如果指定了 list-style-image，那么在出于某种原因而无法显示图像时，会显示这个属性的值）、list-style-position、list-style-image。如果缺少上述属性值之一，则自动插入缺失属性的默认值。

在实际开发中，为了更高效地控制列表项标记，通常将 list-style 的属性值定义为 none，然后通过为列表项设置背景图像的方式实现不同的列表项标记定义。例如 5.7.2 小节的 example5-14.html 中第 6～8 行样式代码定义的效果也可以通过如下 example5-15.html 中的样式代码实现。

```
1  <style type="text/css">
2    ul {
3      list-style-type: none;                    /* 设置列表项无列表项标记*/
4    }
5    ul li {
6      background-image: url(img/shuye.gif);     /* 设置列表项背景图像*/
7      background-repeat: no-repeat;             /* 设置背景图像不重复*/
8      background-position: left center;         /* 设置背景图像位置靠左，垂直方向上居中*/
9      padding-left: 20px;                       /* 设置列表项文本到左边的距离为 20px*/
10   }
11 </style>
```

上面的代码通过设置背景图像的方式实现列表项标记效果，虽然代码相对复杂，但是可以更好地控制列表项标记与文本之间的距离。例如需要使文本与列表项标记之间距离远一些，可以将第 9 行代码中 padding-left 的值设置得更大一些。

5.7.5　列表文字的样式

网页中经常会用列表来展示新闻信息，可以使用 white-space 属性来设置列表中的文本在一行里显示，不进行换行。当新闻信息的内容超出了列表的范围时，经常使用 text-overflow 属性来设置显示溢出内容的方式。

下面 example5-16.html 的代码实现了通过 text-overflow 属性设置隐藏溢出文本的效果。

```
1  <!DOCTYPE html>
2  <html>
3    <head>
4      <meta charset="utf-8">
```

```
5      <title></title>
6      <style type="text/css">
7        .list_news {width: 300px;}
8        .list_news ul {
9          list-style: none;
10         margin: 0;
11         padding: 0;
12       }
13       .list_news ul li {
14           border-bottom: 1px solid #999999;
15           white-space: nowrap;          /* 规定段落中的文本不进行换行 */
16           overflow: hidden;             /* 隐藏溢出的文本 */
17           text-overflow: ellipsis;      /* 用省略符号来代表隐藏的文本 */
18       }
19       .list_news ul li a {
20           text-decoration: none;
21           color: #000000;
22       }
23     </style>
24   </head>
25   <body>
26     <div class="list_news">
27       <ul>
28         <li><a href="">关于放假的通知</a></li>
29         <li><a href="">关于开展“尚思.求是”大讲堂第 208 期的通知</a></li>
30         <li><a href="">关于开展“尚思.求是”大讲堂第 207 期的通知</a></li>
31         <li><a href="">关于举行校田径运动会的通知 </a></li>
32       </ul>
33     </div>
34   </body>
35 </html>
```

代码在浏览器中的运行效果如图 5-16 所示。

关于放假的通知
关于开展“尚思.求是”大讲堂第208期...
关于开展“尚思.求是”大讲堂第207期...
关于举行校田径运动会的通知

图 5-16 列表隐藏文字的效果

5.7.6 用列表实现横向导航栏

在网页设计中，经常使用无序列表<ul>标签来定义导航栏。example5-17.html 中使用无序列表实现了横向导航栏效果。具体代码如下所示。

```
1 <!DOCTYPE html>
2 <html>
3   <head>
4     <meta charset="utf-8">
5     <title></title>
```

```
6       <style type="text/css">
7         nav {
8           width: 100%;
9           height: 30px;
10          background-color: #0072C6;
11        }
12        nav ul {
13          list-style: none;
14          width: 1170px;
15          margin: 0 auto;          /* 设置导航栏内容在网页中居中显示 */
16        }
17        nav ul li {float: left;}   /* 设置列表项向左浮动，实现横向显示 */
18        nav ul li a {
19          text-decoration: none;
20          display: block;
21          padding: 0 48px;
22          color: #FFF;
23          line-height: 30px;
24        }
25        nav ul li a:hover {background-color: orange;}
26      </style>
27    </head>
28    <body>
29      <nav>
30        <ul>
31          <li><a href="">首页</a></li>
32          <li><a href="">产品展示</a></li>
33          <li><a href="">公司简介</a></li>
34          <li><a href="">会员注册</a></li>
35          <li><a href="">联系我们</a></li>
36        </ul>
37      </nav>
38    </body>
39  </html>
```

该例中，第 30 ~ 36 行代码通过无序列表定义了导航列表；第 7 ~ 11 行代码设置了整个导航栏的宽度、高度和背景颜色；第 12 ~ 16 行代码设置了整个无序列表无列表项标记、导航栏的宽度和居中显示效果；第 17 行代码设置每个列表项向左浮动，以实现列表项横向排列；第 18 ~ 24 行代码设置了列表项中的超链接效果；第 25 行代码设置了鼠标指针悬停在超链接上时超链接的背景颜色。

代码在浏览器中的运行效果如图 5-17 所示。

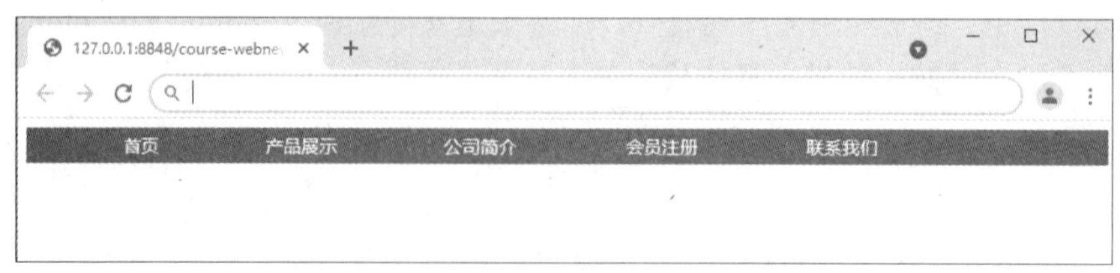

图 5-17　用无序列表实现的导航栏效果

任务实现

根据任务描述，观察并分析图 5-7 所示的新闻中心模块的效果，可以按以下方法来完成任务。

打开 Dudaweb 项目中的新闻中心模块网页 news.html，在其中添加<section>标签和样式代码。完整代码如下所示。

```
1  <!DOCTYPE html>
2  <html>
3    <head>
4      <meta charset="utf-8">
5      <title></title>
6      <style>
7        * {
8         margin: 0;
9         padding: 0;
10       }
11       .news {
12         width: 400px;
13         margin-left: 30px;
14       }
15       .news h2 {
16         font-size: 20px;
17         line-height: 50px;
18       }
19       .news li {
20         line-height: 50px;
21         border-bottom: 1px dotted #D1D1D1;
22         list-style: url(img/icon1.jpg) inside;
23       }
24       .news li:last-child {border: none;}
25       .news li span {float: right;} /*每条新闻的日期向右浮动，与新闻标题显示在一行 */
26       .news li a {
27         color: #000000;
28         text-decoration: none;
29       }
30       .news li a:hover {color: #FFA500;}
31     </style>
32   </head>
33   <body>
34     <section class="news">
35       <h2>新闻中心</h2>
36       <ul>
37         <li><a href="#">企业质量诚信经营承诺书<span>05-16</span></a></li>
38         <li><a href="#">匠心专注，严格抽检中获五星好评<span>04-08</span></a></li>
39         <li><a href="#">公司组织员工积极参与运动会<span>04-08</span></a></li>
```

```
40          <li><a href="#">热烈祝贺我公司顺利通过省高新技术企业认定<span>04-08</span></a></li>
41          <li><a href="#">党支部成员补种景观树<span>04-08</span></a></li>
42        </ul>
43      </section>
44    </body>
45  </html>
```

至此，任务 2“设置新闻中心模块的样式”完成，代码在浏览器中的运行效果如图 5-7（b）所示。

任务3 设置会员注册网页的样式

任务描述

打开单元 2 任务 3 在 Dudaweb 项目中创建的会员注册网页 register.html，为其添加 CSS 样式，将会员注册网页设置成图 5-18 所示的效果。主要设置表格样式、表单中的按钮样式等。

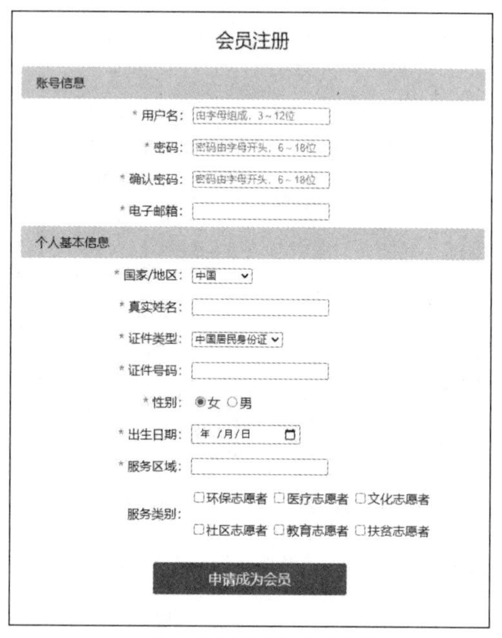

图 5-18　会员注册网页的效果

前导知识

5.8 表格样式

5.8.1 表格边框

在使用<table>标签绘制表格时，可以通过<table>标签本身的 border 属性为表格绘制边框。但是用这种方法设置的表格边框比较单一，边框的颜色、线型等样式很难修改，因此通常使用 CSS 样式中的 border 属性来设置表格边框样式。

例如，下面 example5-18.html 的代码为表格的 th 和 td 元素设置了黑色边框。

```
1 <!DOCTYPE html>
2 <html>
3   <head>
4     <meta charset="utf-8">
5     <title></title>
6     <style type="text/css">
7       table,th,td {border: 1px solid #000;}
8     </style>
9   </head>
10  <body>
11    <table>
12      <tr>
13        <th>编号</th>
14        <th>课程</th>
15      </tr>
16      <tr>
17        <td>03001</td>
18        <td>大学数学</td>
19      </tr>
20      <tr>
21        <td>03002</td>
22        <td>计算机基础</td>
23      </tr>
24      <tr>
25        <td>03003</td>
26        <td>大学英语</td>
27      </tr>
28    </table>
29  </body>
30 </html>
```

代码在浏览器中的运行效果如图 5-19 所示。

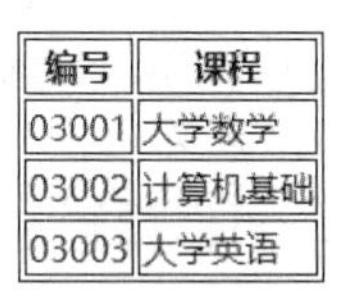

编号	课程
03001	大学数学
03002	计算机基础
03003	大学英语

图 5-19 表格边框的效果

从效果图可以看出表格拥有双边框，这是因为 table、th 和 td 元素都有单独的边框。如果要将表格的边框设置为单个边框，可以通过设置 border-collapse 属性来实现。

5.8.2 折叠边框

border-collapse 属性用于设置表格的边框是否被折叠成一个单一的边框或隔开。其属性值有 collapse（合并）和 separate（分离）两种，默认的属性值为 separate。

在 example5-18.html 的第 7 行代码后面添加如下所示代码。

```
table {border-collapse: collapse;}
```

代码在浏览器中的运行效果如图 5-20 所示。

编号	课程
03001	大学数学
03002	计算机基础
03003	大学英语

图 5-20　合并边框后的效果

5.8.3　表格的宽度和高度

width 和 height 属性可以定义表格的宽度和高度。在实际应用中，可以对 table 元素设置宽度和高度，也可以对单元格设置宽度和高度。对 table 元素设置整体宽度和高度时，每个单元格的宽度和高度会根据内容进行自动设置；对单元格设置宽度和高度时，单元格的大小由属性值来控制。

在 example5-18.html 的第 7 行代码后面添加如下所示代码。

```
table {border-collapse: collapse; width: 400px;height: 200px;}
```

代码在浏览器中的运行效果如图 5-21 所示。

编号	课程
03001	大学数学
03002	计算机基础
03003	大学英语

图 5-21　设置表格的宽度和高度

5.8.4　表格文字对齐

表格中的文本可以设置水平对齐或垂直对齐。text-align 属性用于设置水平对齐方式，属性值分别为 left（向左）、right（向右）和 center（居中）；vertical-align 属性用于设置垂直对齐方式，属性值分别为 top（顶部）、bottom（底部）和 middle（中部）。

例如在 example5-18.html 的第 7 行代码后面添加下面的代码，可以实现下面 3 行的单元格内容水平居中，且内容在垂直方向上显示在单元格底部。

```
table {border-collapse: collapse;width: 400px;height: 200px;}
td {text-align: center;vertical-align: bottom;}
```

代码在浏览器中的运行效果如图 5-22 所示。

编号	课程
03001	大学数学
03002	计算机基础
03003	大学英语

图 5-22　设置对齐方式

如果需要将表格在网页中居中显示，可以设置左右外边距为 auto 来实现。具体代码如下所示。

```
table{margin: 20px auto;}
```

5.8.5　表格颜色

在表格中，可以通过 color 属性设置文本的颜色，border 属性设置边框的颜色，background-color 属性设置背景颜色。例如在 example5-18.html 中，在<style>标签对内修改和添加下面的代码，可以设置边框的颜色、th 元素的文本颜色和背景颜色。

```
table,th,td {border: 1px solid #CCC;}
table {border-collapse: collapse;width: 400px;height: 200px;}
td {text-align: center;vertical-align: bottom;}
th {background-color: #666666;color: #FFF;}
```

代码在浏览器中的运行效果如图 5-23 所示。

编号	课程
03001	大学数学
03002	计算机基础
03003	大学英语

图 5-23　设置表格颜色

5.9 表单样式

在设置表单的样式时，可以将前面所学的边框、背景、高度、宽度、文字颜色等样式属性直接应用到对应的表单对象上。例如，可以使用 border 属性修改输入框的边框效果，可以使用 background 属性设置带有图标内容的输入框效果。

其中对于 input 元素，如果只想设置特定输入类型的样式，则可以使用属性选择器。属性选择器的应用示例如下。

- input[type=text]表示仅选择文本字段。
- input[type=password]表示仅选择密码字段。
- input[type=number]表示仅选择数字字段。

下面 example5-19.html 的代码实现了一个登录页面的表单效果。

```
1  <!DOCTYPE html>
2  <html>
3    <head>
4      <meta charset="utf-8">
5      <title></title>
6      <style type="text/css">
7        form {
8          width: 400px;
9          border-radius: 5px;          /* 设置边框的圆角效果 */
10         background-color: #F2F2F2;
11         padding: 20px;
12         margin: 0 auto;
13       }
14       input[type=text],input[type=password] {
15         width: 360px;
16         height: 40px;
17         padding-left: 40px;
18         margin: 8px 0;
19         border: 1px solid #CCC;
20         border-radius: 4px;
21       }
22       input[type=text] {background: #FFF url(img/icon.png) no-repeat 10px center;}
          /* 设置用户名输入框的背景色和图标*/
23       input[type=password] {background: #FFF url(img/mima.png) no-repeat 10px center;}
          /* 设置密码输入框的背景色和图标*/
24       input[type=submit] {
25         width: 100%;
```

```
26          background-color: #4CAF50;
27          color: white;
28          font-size: 16px;
29          padding: 14px 20px;
30          margin: 8px 0;
31          border: none;
32          border-radius: 4px;
33          cursor: pointer;        /* 设置鼠标指针悬停时的效果 */
34        }
35        input[type=submit]:hover {background-color: #45A049;}
36      </style>
37    </head>
38    <body>
39      <form action="/action_page.php">
40        <label for="aname">用户名</label>
41        <input type="text" id="aname" />
42        <label for="pw">密码</label>
43        <input type="password" id="pw" />
44        <input type="submit" value="登录" />
45      </form>
46    </body>
47  </html>
```

代码在浏览器中的运行效果如图 5-24 所示。

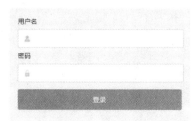

图 5-24　登录页面效果

任务实现

扫码观看视频

根据任务描述，可以按以下步骤来完成任务。

1. 完善 HTML 结构

打开单元 2 任务 3 在项目 Dudaweb 中创建的 register.html，将原来整个表单内容放在<div>标签对内，在需要设置样式的标签中添加 class 属性值，将所有“*”放在<span>标签对内，方便控制样式。代码（加粗部分为添加的代码）如下所示。

```
1  <div class="ad-register">
2    <h2>会员注册</h2>
3    <form action="#" method="get">
4      <table class="reg_form">
5        <tr>
```

```
6         <td colspan="2" class="tb_tit">
7           账号信息
8         </td>
9       </tr>
10      <tr>
11        <td class="td_left"><span>*</span>用户名：</td>
12        <td><input type="text" placeholder="由字母组成，3~12位 " /></td>
13      </tr>
14      <tr>
15        <td class="td_left"><span>*</span>密码：</td>
16        <td><input type="password" placeholder="密码由字母开头，6~18位" /></td>
17      </tr>
18      <tr>
19        <td class="td_left"><span>*</span>确认密码：</td>
20        <td><input type="password" placeholder="密码由字母开头，6~18位" /></td>
21      </tr>
22      <tr>
23        <td class="td_left"><span>*</span>电子邮箱：</td>
24        <td><input type="email" /></td>
25      </tr>
26      <tr>
27        <td colspan="2" class="tb_tit">
28          个人基本信息
29        </td>
30      </tr>
31      <tr>
32        <td class="td_left"><span>*</span>国家/地区：</td>
33        <td><select name="ad_nationality">
34            <option value="中国" selected>中国</option>
35            <option value="俄罗斯">俄罗斯</option>
36            <option value="巴基斯坦">巴基斯坦</option>
37            <option value="英国">英国</option>
38            <option value="美国">美国</option>
39          </select></td>
40      </tr>
41      <tr>
42        <td class="td_left"><span>*</span>真实姓名：</td>
43        <td><input type="text" /></td>
44      </tr>
45      <tr>
46        <td class="td_left"><span>*</span>证件类型：</td>
47        <td>
48          <select name="ad_cert_type">
49            <option value="中国居民身份证" selected>中国居民身份证</option>
50            <option value="护照">护照</option>
51          </select>
52        </td>
```

```
53          </tr>
54          <tr>
55            <td class="td_left"><span>*</span>证件号码：</td>
56            <td><input type="text" /></td>
57          </tr>
58          <tr>
59            <td class="td_left"><span>*</span>性别：</td>
60            <td>
61              <input type="radio" name="gender" value="0" checked="checked" />女
62              <input type="radio" name="gender" value="1" />男
63            </td>
64          </tr>
65          <tr>
66            <td class="td_left"><span>*</span>出生日期：</td>
67            <td><input type="date" /></td>
68          </tr>
69          <tr>
70            <td class="td_left"><span>*</span>服务区域：</td>
71            <td><input type="text" /></td>
72          </tr>
73          <tr>
74            <td rowspan="2" class="td_left">服务类别：</td>
75            <td>
76              <input type="checkbox" value="环保志愿者" />环保志愿者
77              <input type="checkbox" value="医疗志愿者" />医疗志愿者
78              <input type="checkbox" value="文化志愿者" />文化志愿者
79            </td>
80          </tr>
81          <tr>
82            <td>
83              <input type="checkbox" value="社区志愿者" />社区志愿者
84              <input type="checkbox" value="教育志愿者" />教育志愿者
85              <input type="checkbox" value="扶贫志愿者" />扶贫志愿者
86            </td>
87          </tr>
88          <tr>
89            <td colspan="2">
90              <input class="bt_suc" type="submit" value="申请成为会员" />
91            </td>
92          </tr>
93        </table>
94      </form>
95  </div>
```

2. 对需要设置样式的元素添加 CSS 代码

在项目文件夹中新建样式文件 register.css，在 register.html 的<head>标签对中添加如下所示代码。

```
<link rel="stylesheet" type="text/css" href="register.css"/>
```

打开 register.css 编写样式代码，代码如下所示。

```
/* ------------会员注册网页的样式---------------- */
1  .ad-register {
2   width: 1170px;
3   margin: 20px auto;
4  }
5  .ad-register h2 {
6   text-align: center;
7   font-weight: 400;
8   margin: 20px 0;
9  }
10 .reg_form {
11  width: 600px;
12  margin: 0 auto;
13  font-size: 16px;
14  border-collapse: collapse;
15 }
16 tr {height: 40px;}
17 .tb_tit {
18  width: 100%;
19  background-color: rgba(202, 202, 202, 1);
20  color: #000;
21  font-size: 16px;
22  font-family: "微软雅黑";
23  font-weight: normal;
24  line-height: 30px;
25  padding-left: 20px;
26  box-sizing: border-box;
27  border-radius: 3px;
28 }
29 .td_left {
30  width: 180px;
31  text-align: right;
32 }
33 .td_left span {
34  color: #FF0000;
35  margin-right: 5px;
36 }
37 .bt_suc {
38  height: 40px;
39  width: 250px;
40  background-color: #0072C6;
41  border-radius: 3px;
42  border: none;
43  color: #FFF;
44  font-size: 18px;
45  margin: 20px 0;
46 }
```

以上样式代码中，第 1 ~ 4 行设置了整个模块的宽度并将模块居中显示；第 5 ~ 9 行设置了二级标题的样式；第 10 ~ 15 行设置了表格的宽度、字号和边框，并将表格居中显示；第 16 行设置了表格的行高；第 17 ~ 28 行设置了“账号信息”和“个人基本信息”两个单元格的样式；第 29 ~ 32 行设置了表格第一列单元格宽度和文本靠右对齐；第 33 ~ 36 行设置了符号“*”的样式；第 37 ~ 46 行设置了“申请成为会员”按钮的样式。

至此，任务 3“设置会员注册网页的样式”完成，代码在浏览器中的运行效果如图 5-18 所示。

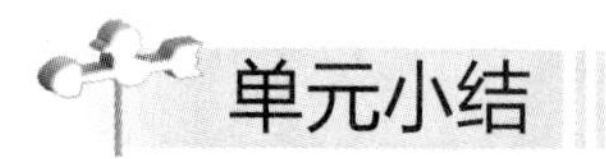

单元小结

本单元通过设置公司简介网页、新闻中心模块、会员注册网页的样式，介绍了 CSS 中常用的文本样式、图片样式、超链接样式、列表样式、表格样式和表单样式等基本样式的使用方法。通过对本单元的学习，读者可以灵活运用 CSS 的基本样式。

思考练习

一、单选题

1. 设置 a 元素中的内容没有下划线的是（　　）。

   A. a {text-decoration:no underline;}　　B. a {underline:none;}

   C. a {text-decoration:none;}　　D. a {decoration:no underline;}

2. 设置 p 元素中的字体为粗体的是（　　）。

   A. p {text-size:bold;}　　B. p {font-weight:bold;}

   C. <p style="text-size:bold;">　　D. <p style="font-size:bold;">

3. 表示上边框线宽 10px、下边框线宽 5px、左边框线宽 20px、右边框线宽 1px 的样式语句为（　　）。

   A. border-width:10px 1px 5px 20px;

   B. border-width:10px 5px 20px 1px;

   C. border-width:5px 20px 10px 1px;

   D. border-width:10px 20px 5px 1px;

4. CSS 样式语句“background-position:-5px 10px”的意义是（　　）。

   A. 背景图像向左偏移 5px，向下偏移 10px

   B. 背景图像向左偏移 5px，向上偏移 10px

   C. 背景图像向右偏移 5px，向下偏移 10px

   D. 背景图像向右偏移 5px，向上偏移 10px

5. 在 HTML 网页中添加如下 CSS 样式代码，当鼠标指针悬停在超链接上面时，网页中的超链接呈现的颜色为（　　）。

```
body { color:red; }
a { color:black; }
a:link,a:visited { color:blue; }
a:hover,a:active { color:green; }
```

A. 红色　　B. 绿色　　C. 蓝色　　D. 黑色

6. 关于元素的背景图像，下列说法正确的是（　　）。

A. 设置背景图像后，元素的宽高默认和背景图像的原始宽高相等

B. 背景图像只能设置一张

C. 修改背景图像的宽度后，其高度也会等比例缩放

D. 默认情况下，当背景图像尺寸小于元素尺寸时，背景图像会重复显示

7. 在 HTML 网页中，如果需要在 CSS 中设置文本的字体是隶书，则需要设置文本的（　　）属性。

A. font-family　　B. font-size　　C. font-style　　D. face

8. 下列不是边框线型的是（　　）。

A. background　　B. solid　　C. dashed　　D. double

二、实践操作题

1. 编写网页代码实现一个网页的顶部导航栏，效果如图 5-25 所示。

设为首页　移动客户端　你好　Pad版

图 5-25　顶部导航栏效果

2. 编写网页代码实现一个开班信息模块，效果如图 5-26 所示。

开班信息　2020年面授开班计划

JaveEE+云计算全程就业班

开班时间：2020-04-27　预约报名

开班时间：2020-04-27　无座，名额报满

开班时间：2020-03-15　开班盛况

开班时间：2020-02-25　开班盛况

开班时间：2020-12-26　开班盛况

Android+人工智能全程就业班

开班时间：2020-04-10　预约报名

开班时间：2020-03-17　开班盛况

开班时间：2020-02-20　开班盛况

开班时间：2020-12-23　开班盛况

前端+HTML5全程就业班

开班时间：2020-05-10　预约报名

开班时间：2020-03-16　开班盛况

图 5-26　开班信息模块效果

3. 编写网页代码实现一个图书信息表，效果如图 5-27 所示。

书名	作者	出版社
《电子系统设计与实践教程》	薛梅 丁可柯 朱震华 刘艳	人民邮电出版社
《低风险创业》	樊登	人民邮电出版社
《中文版Photoshop 2020完全自学教程》	李金明 李金蓉	人民邮电出版社
《模拟电路和数字电路自学手册》	蔡杏山	人民邮电出版社
《机器学习公式详解》	谢文睿 秦州	人民邮电出版社
《HTML5+CSS3网站设计基础教程》	传智播客高教产品研发部	人民邮电出版社
《路由与交换技术》	赵新胜 陈美娟	人民邮电出版社

图 5-27　图书信息表效果

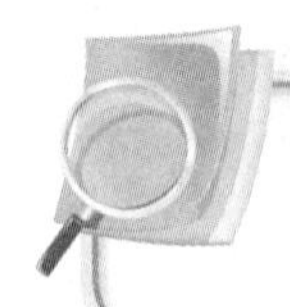

单元 6 CSS3 定位与布局

在编写网页代码时，应该先设计好页面的布局形式，再往里面填充内容。网页布局的好与坏，直接决定了网页最终的展示效果。PC 端常见的网页布局形式有两列布局、三列布局等。在 CSS 中通常通过设置浮动（float）、定位（position）、显示模式（display）相关属性来达到预期效果。

学习目标

★ 掌握盒子模型的概念及其相关属性的含义。
★ 能够正确计算盒子在网页中的占位。
★ 理解浮动的原理及其对页面的影响，掌握多行多列布局的方法。
★ 理解不同定位布局的区别，综合运用定位布局实现网页元素的精确定位。

任务1 制作产品展示模块

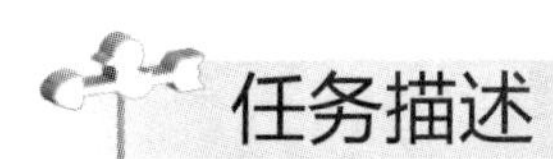

任务描述

创建一个产品展示模块 product.html，在网页中展示推荐产品的信息，如产品图片、名称和规格说明，效果及尺寸提示如图 6-1 所示。本任务利用盒子模型来实现 4 张产品图的展示，使用盒子模型的属性来设置产品元素的间距和填充等细节。产品展示模块的宽度为 700px、高度为 280px，标题高度为 50px，图片宽度为 150px、高度为 150px，图片的边框粗细为 1px。计算图片与图片的间距，使 4 张图片均匀分布。

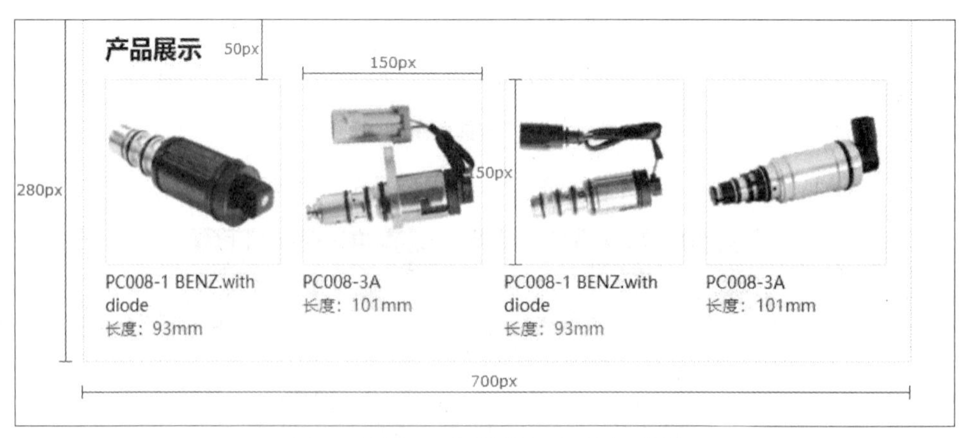

图 6-1 产品展示模块的效果及尺寸提示

6.1 盒子模型

6.1.1 盒子属性

在 CSS 中，盒子模型（Box Model）在设计和布局页面时使用。将整个网页看作一个大盒子，网页中的所有 HTML 元素都布局在盒子中。根据页面的内容和功能，可以把一个大盒子划分为若干个小盒子，在每个盒子中放置一些 HTML 元素。

以“常州信息职业技术学院 智慧校园”的网页为例，该页面从视觉上可以从上向下分成若干个盒子，盒子里面还可以再根据需要嵌套盒子。需要注意的是，同样的页面有不同的实现方法，所以盒子的布局方案可以是多种多样的。图 6-2 所示的整个页面包含水平并排的两个大盒子（红色框线），其中右边的大盒子又包含垂直排列的 3 个中盒子（黄色框线），每个中盒子又包含若干不同的小盒子。

图 6-2　网页中的盒子

仔细观察图中布局的盒子可以发现，盒子与盒子之间通常有一些距离。这个距离称为外边距。对于有边框的盒子，盒子填充内容与边框之间的距离称为内填充或内边距。盒子模型常用属性如图 6-3 所示。

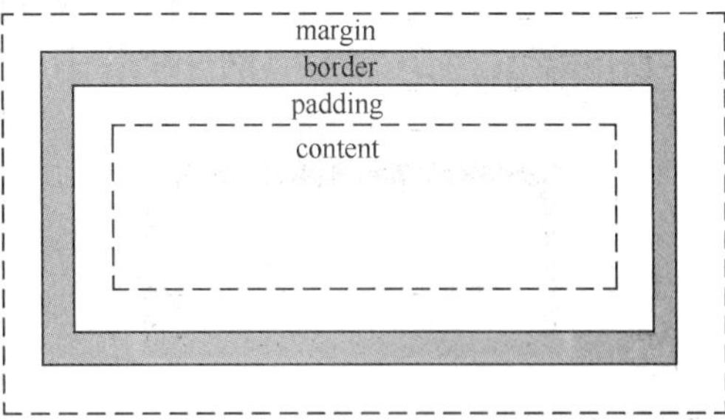

图 6-3　盒子模型

具体说明如下。

- margin（外边距）指元素边框外的区域，外边距是透明的。
- border（边框）指围绕在内边距和内容外的边框。
- padding（内边距）指边框到内容周围的区域，内边距是透明的。
- content（内容）指盒子的内容，如文本和图像等。

盒子一般使用<div>标签来呈现，其属性可以通过 CSS 来设置。

例如，下面 example6-1.html 的代码对 div 元素设置了盒子属性。

```
1  <!DOCTYPE html>
2  <html>
3    <head>
4      <meta charset="utf-8">
5      <title>盒子模型</title>
6      <style>
7        div {
8          background-color: lightgray;
9          width: 300px;
10         height: 50px;
11         border: 25px solid blue;
12         padding: 50px;
13         margin: 20px;
14       }
15     </style>
16   </head>
17   <body>
18     <h2>盒子模型演示</h2>
19     <p>CSS 盒子模型包括：外边距、边框、内边距和实际内容。</p>
20     <div>这里的文本是盒子内的实际内容。这个盒子有宽 25px 的蓝色边框、宽 20px 的外边距和宽 50px 的内边距。</div>
21   </body>
22 </html>
```

代码在浏览器中的运行效果如图 6-4 所示。打开浏览器窗口，按 F12 键进入调试模式，在代码中选中设置盒子模型属性的 div 元素，可以看到盒子模型的详细尺寸，如图 6-5 所示。

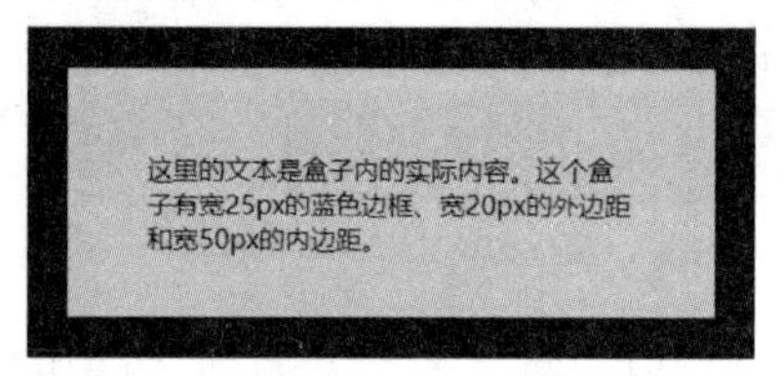

图 6-4　盒子模型演示网页的效果

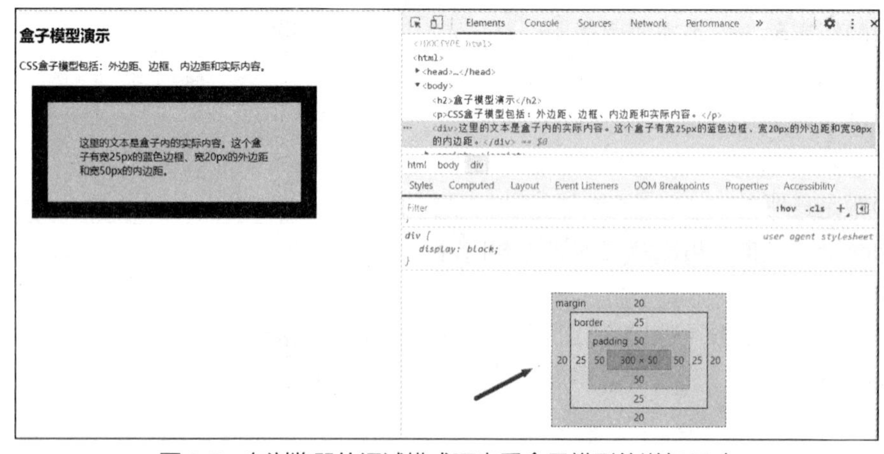

图 6-5　在浏览器的调试模式下查看盒子模型的详细尺寸

6.1.2 盒子尺寸计算

为了实现整齐有序的网页，在设计网页时需要正确设置每个盒子在网页中的宽度和高度。一个盒子元素在网页中的占位，除了考虑内容尺寸，还必须添加内边距、边框和外边距的尺寸。计算公式如下所示。

元素的总宽度为宽度+左内边距+右内边距+左边框+右边框+左外边距+右外边距。

元素的总高度为高度+顶部内边距+底部内边距+上边框+下边框+上外边距+下外边距。

例如前面示例中 div 元素在网页中的完整占位如图 6-6 所示。计算其总宽度的算式如下所示。

div 盒子的总宽度为 300px（宽）+100px（左、右内边距）

+50px（左、右边框）+40px（左、右外边距）=490px。

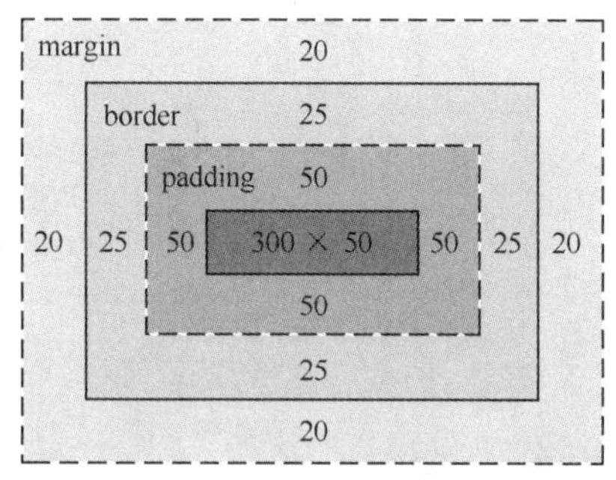

图 6-6 完整的盒子尺寸

用上面计算元素总高度的公式计算出 div 盒子的高度为 240px。

6.2 外边距合并

6.2.1 并列元素的外边距合并

并列元素的外边距合并指的是当两个并列元素的外边距相遇时，它们将合并成一个外边距。也就是说，当一个元素出现在另一个元素上面时，上面元素的下外边距与下面元素的上外边距会发生合并。合并后的外边距的高度等于两个发生合并的外边距中较大外边距的高度。

例如，两个盒子上下排列，上面盒子的下外边距（margin-bottom）为 20px，下面盒子的上外边距（margin-top）为 10px，发生外边距合并后会形成一个 20px 的外边距，如图 6-7 所示。

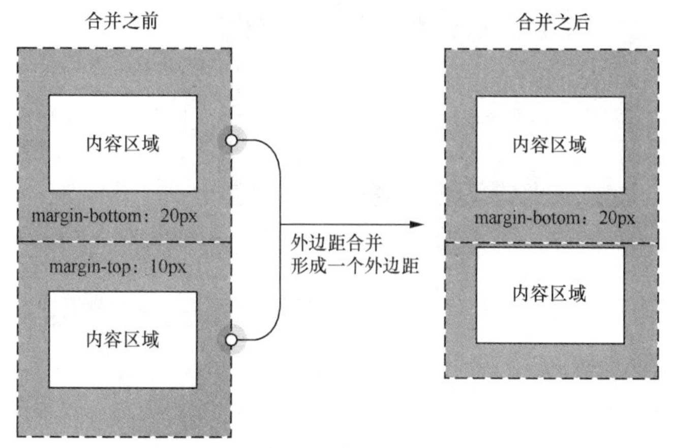

图 6-7 并列元素的外边距合并

下面通过 example6-2.html 来验证一下两个并列盒子的外边距合并效果。代码如下所示。

```
1  <!DOCTYPE html>
2  <html>
3    <head>
4      <meta charset="utf-8">
5      <title>外边距合并</title>
6      <style>
7        div {
8          background-color: lightgray;
9          width: 300px;
10         height: 50px;
11         border: 25px solid blue;
12         padding: 50px;
13       }
14       #d1 {margin: 20px;}
15       #d2 {margin: 30px;}
16     </style>
17   </head>
18   <body>
19     <div id="d1">这里是盒子 1 内的实际内容。有宽 25px 的蓝色边框、宽 20px 的外边距、宽 50px 的内
边距。</div>
20     <div id="d2">这里是盒子 2 内的实际内容。有宽 25px 的蓝色边框、宽 30px 的外边距、宽 50px 的内
边距。</div>
21   </body>
22 </html>
```

代码在浏览器中的运行效果如图 6-8 所示，合并后的外边距为 30px。

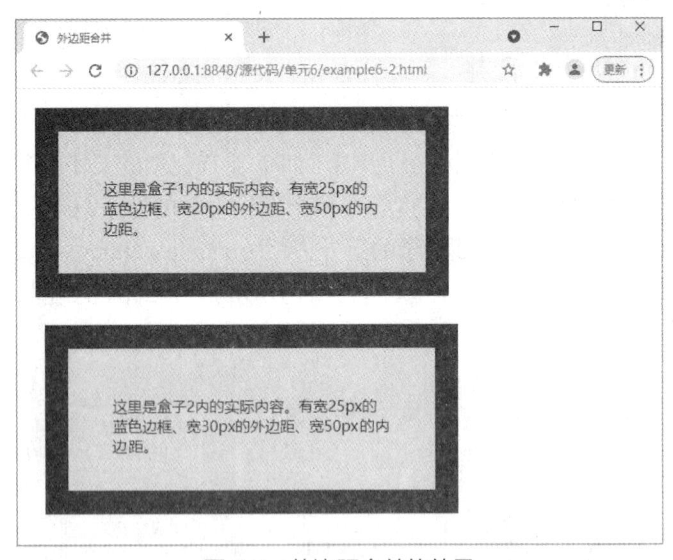

图 6-8　外边距合并的效果

小贴士

只有普通文档流中盒子的垂直外边距才会发生合并。行内、浮动或绝对定位的元素之间的外边距不会合并。在学习网页布局时，一定要用心观察、勤于实践，并总结出一般规律，加深对知识的理解。

6.2.2　包含元素的外边距合并

当一个元素包含在另一个元素中，且两个元素没有设置内边距和边框时，它们的上外边距也会发生合并，合并后的上外边距取两者中的较大值。

下面两个盒子都没有设置边框和内边距，而两者都设置了上外边距，则它们的上外边距会合并，值为两者中的较大值 20px，效果等价于内部盒子的上外边距消失，如图 6-9 所示。

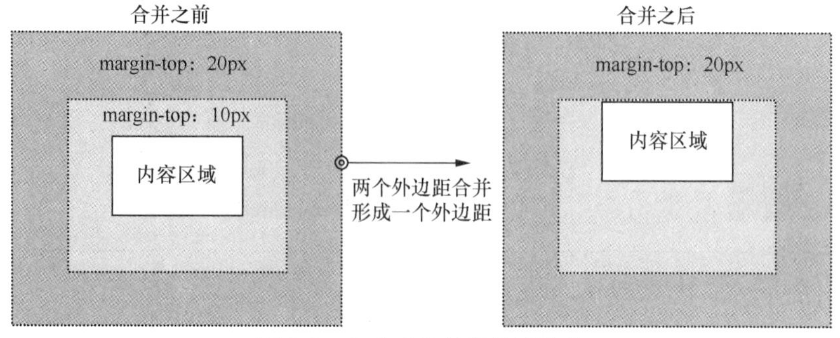

图 6-9　包含盒子的外边距合并

下面通过 example6-3.html 来验证包含盒子的外边距合并效果。代码如下所示。

```
1  <!DOCTYPE html>
2  <html>
3    <head>
4      <meta charset="utf-8">
5      <title>外边距合并</title>
6      <style type="text/css">
7        #d1 {
8          width: 200px;
9          height: 200px;
10         background-color: gray;
11         margin-top: 20px;
12       }
13       #d2 {
14         width: 50px;
15         height: 50px;
16         background-color: blue;
17         margin-top: 50px;
18       }
19     </style>
20   </head>
21   <body>
22     <p>包含盒子的外边距合并</p>
23     <div id="d1">
24       <div id="d2">
25       </div>
26     </div>
27   </body>
28 </html>
```

代码在浏览器中的运行效果如图 6-10（a）所示。

这两个盒子都没有设置内边距和边框，那么内部 div 元素的上外边距将与外部 div 元素的上外边距合并（叠加）。从视觉效果上来看，内部元素的上外边距没有显示出来，外部元素的上外边距取两者间的较大值 50px，如图 6-10（b）所示。

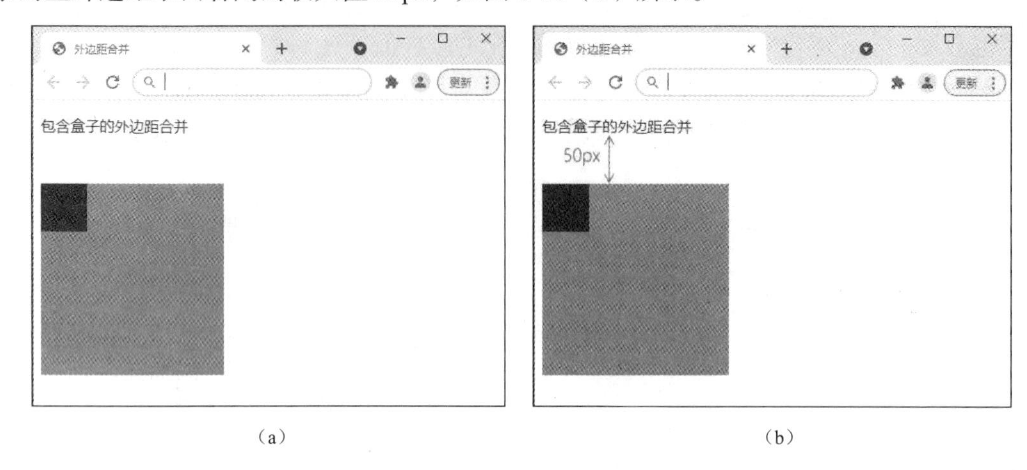

（a）　　　　（b）

图 6-10　包含盒子的外边距合并效果

任务实现

扫码观看视频

根据任务描述，可以按以下步骤来完成任务。

1. 新建文件

在 HBuilderX 中打开前面创建的项目 Dudaweb，将素材文件提供的所有图片复制到 img 文件夹中备用。新建 HTML 文件，命名为 product.html。

2. 搭建 HTML 结构

分析图 6-1 所示的产品展示模块效果。4 个产品可以用无序列表呈现，每个产品为一个列表项，包含图片链接、产品名称段落和规格文字说明。具体实现的 HTML 代码如下所示。

```
1  <!-- 产品展示 -->
2  <section class="product">
3    <h2>产品展示</h2>
4    <ul>
5      <li><a href="#"><img src="img/pro-1.jpg" alt="产品图"/>
6            <p>PC008-1 BENZ.with diode<br /><span>长度：93mm</span></p>
7        </a>
8      </li>
9      <li><a href="#"><img src="img/pro-2.jpg" alt="产品图"/>
10           <p>PC008-3A<br /><span>长度：101mm</span></p>
11       </a>
12     </li>
13     <li><a href="#"><img src="img/pro-3.jpg" alt="产品图"/>
14           <p>PC008-1 BENZ.with diode<br /><span>长度：93mm</span></p>
15       </a>
16     </li>
17     <li><a href="#"><img src="img/pro-4.jpg" alt="产品图"/>
18           <p>PC008-3A<br /><span>长度：101mm</span></p>
```

```
19        </a>
20      </li>
21    </ul>
22  </section>
```

3. 计算 4 张图片均匀分布时相邻图片的间距

横向排列 4 个产品，将每个产品看作一个盒子，相邻盒子之间有距离，盒子的内容包含产品图片、名称和规格说明。根据任务描述中的尺寸提示，图片宽度为 150px，图片的边框为 1px，因此一张图片在页面中的宽度占位是 152px（宽度 150px+左边框 1px+右边框 1px）。由此可知一个列表项的宽度也是 152px，那么 4 个列表项的宽度占位是 4 × 152px=608px。产品展示模块总宽度为 700px，当 4 个列表项横向排列时，还剩余 700px−608px=92px 的空间。如果要让它们均匀地排列，即需要设置图 6-11 所示的 5 个相同的间距，即 92px÷5≈18px。

图 6-11　列表间 5 个相同的间距

4. 编写样式代码控制网页效果

根据任务描述中的尺寸提示及间距计算结果编写对应的 CSS 样式代码，代码可以写在 product.html 文件头部的<style>标签对内。具体代码如下所示。

```
1  * {
2     margin: 0;
3     padding: 0;
4   }
5   ul {list-style: none;}
6   a {
7     text-decoration: none;
8     color: #000;
9   }
10  .product {
11    margin: auto;
12    width: 700px;
13    height: 280px;
14    border: 1px dotted #D1D1D1;
15  }
16  .product h2 {
17    line-height: 50px;
18    margin-left: 18px;
19  }
20  .product li {
```

```
21        font-size: 14px;
22        float: left;
23        width: 152px;
24        margin-left: 18px;
25      }
26      .product li img {
27        width: 150px;
28        height: 150px;
29        border: 1px solid #E4E4E4;
30      }
31      .product li span {
32        color: #CC0000;
33      }
```

浏览器会有默认的内外边距。为了精确控制元素在页面中的占位，需要清除浏览器默认的内外边距。第 1 ~ 4 行代码清除了浏览器默认的内外边距；第 5 行代码设置了无序列表无列表项标记；第 6 ~ 9 行代码设置了超链接的样式；第 10 ~ 15 行代码设置了产品展示模块居中显示、尺寸，以及边框样式；第 16 ~ 19 行代码设置了产品展示模块的标题样式；第 20 ~ 25 行代码设置了产品列表项的样式；第 26 ~ 30 行代码设置了产品图片的样式；第 31 ~ 33 行代码设置了产品长度文本样式。

代码在浏览器中的运行效果如图 6-1 所示。

任务2 制作公司网站首页

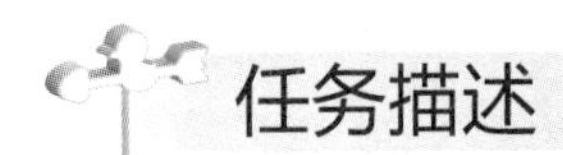

任务描述

公司网站首页包含头部 Logo、导航栏、图片横幅、网页主体内容和网页底部，其中网页主体内容又包含产品展示、新闻中心和公司简介等信息，网页效果如图 6-12 所示。本任务要求结合盒子模型，使用文档流、浮动等知识点来实现首页的多行多列布局。

图 6-12　公司网站首页效果

前导知识

6.3 文档流简介

文档流也叫普通流、正常流，是指在网页元素排版布局过程中，元素默认自动从左往右、从上往下排列的流式排列方式。文档流是传统 HTML 文件的文本布局方式，是相对于盒子模型而言的。

如果将屏幕想象成从上向下流动的河流，屏幕的顶部为河流的源头，屏幕的底部为河流的末尾，就抽象出了文档流，如图 6-13 所示。

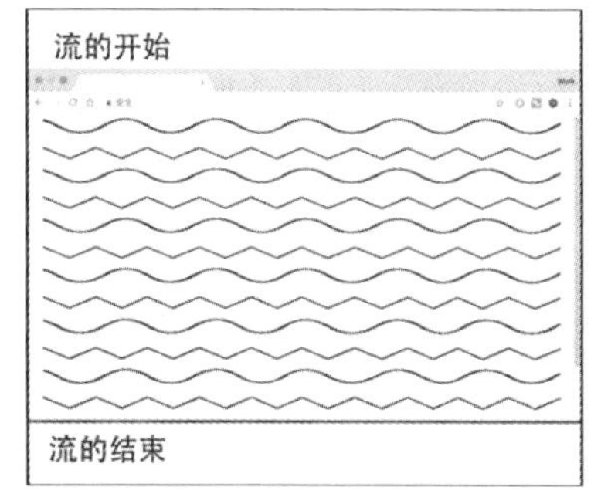

图 6-13　文档流示意图

常见的块级元素和行内元素如表 6-1 所示。

在文档流中，块级元素独占一行，可以设置宽和高；行内元素在同一行显示，到达网页最右边才会换行，不能设置宽和高。在实际应用中，为了实现网页布局效果，可以通过 CSS 的 display 属性实现元素的转换。块级元素可以转换为行内元素，行内元素也可以转换为块级元素。display 常用的属性值如表 6-2 所示。

表 6-1　常见的块级元素和行内元素

元素类型	说明	常见标签
块级元素	在文档中独占一行	<div>、<h1> ~ <h6>、<p> <form>、<header>、<footer>、<section>、<li>、<table>、<dd>和<dt>
行内元素	多个元素可以在一行，从左往右排列	<span>、<img>、<a>、<i>、<b>、<u>和<em>

表 6-2　display 常用的属性值

值	说明
none	不显示对应元素，也不会保留对应元素原先占有的文档流位置
block	转换为块级元素
inline	转换为行内元素
inline-block	转换为行内块级元素

下面通过 example6-4.html 来演示元素之间的转换。代码如下所示。

```
1  <!DOCTYPE html>
2  <html>
3    <head>
4      <meta charset="utf-8">
5      <title>DIV 转换成行内元素</title>
6      <style type="text/css">
7        div {
8          display: inline;
9          background-color: lightgray;
```

```
10          width: 400px;
11          height: 400px;
12          border: 1px solid gray;
13        }
14      </style>
15    </head>
16    <body>
17      <div id="d1">这是第一个 DIV</div>
18      <div id="d2">这是第二个 DIV</div>
19    </body>
20  </html>
```

代码中的两个 div 元素原本是块级元素，在浏览器中应该分别占一行，但通过“display: inline;”，它们变成了行内元素，在一行中显示。

代码在浏览器中的运行效果如图 6-14 所示。

这是第一个DIV 这是第二个DIV

图 6-14　块级元素转换为行内元素

从运行结果可以看出，将块级元素的 CSS 样式属性 display 设置为 inline，可以将块级元素转换为行内元素，而且元素原来设置的宽度和高度不再起作用，实际取元素内容的宽度。

同样地，设置 display 属性也可以将一个行内元素转换为一个块级元素，例如下面 example6-5.html 的代码所示。

```
1  <!DOCTYPE html>
2  <html>
3    <head>
4      <meta charset="utf-8">
5      <title>SPAN 转换成块级元素</title>
6      <style type="text/css">
7        span {
8          display: block;
9          width: 200px;
10         height: 50px;
11         background-color: lightgray;
12         border: 1px solid gray;
13       }
14     </style>
15   </head>
16   <body>
17     <span id="s1">这是第一个 span</span>
18     <span id="s2">这是第二个 span</span>
19   </body>
20 </html>
```

代码中的两个 span 元素原本是行内元素，但通过“display:block;”，它们成了块级元素。

代码在浏览器中的运行效果如图 6-15 所示。

运行效果显示 span 元素变为块级元素，类似于 div 元素，每个 span 元素独占一行，此时可以对 span 元素设置高度和宽度。如果不设置宽度，那么它将占满父元素。

文档流中的布局限制比较多，实现的网页布局比较单一。为了实现多样化的网页布局，自由排列网页元素，需要使一些网页元素脱离文档流。CSS 中有 3 种方法可以使一个元素脱离文档流，它们分别为浮动、绝对定位和固定定位。

对比“河流”的例子，脱离文档流的元素就好比在河流上面漂着的小船，如图 6-16 所示。理解好文档流，有助于我们理解 CSS 中的定位和浮动。

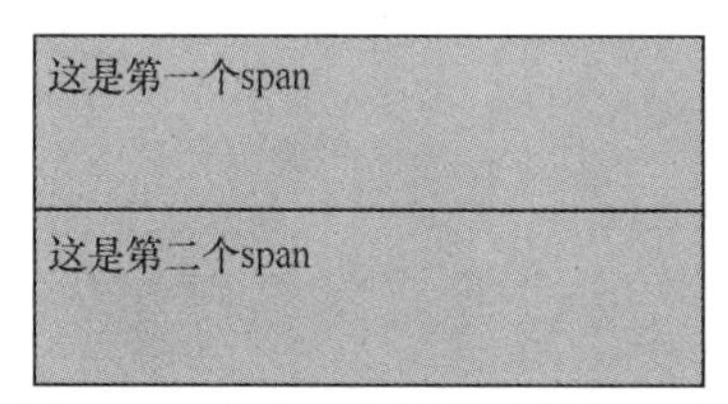

图 6-15　行内元素转换为块级元素

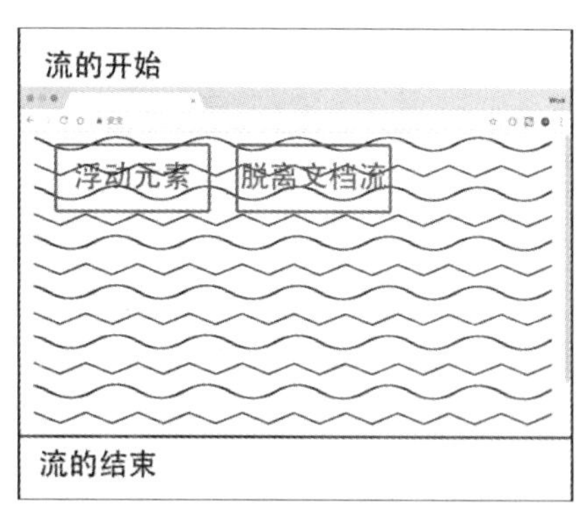

图 6-16　元素脱离文档流示意图

6.4 浮动

正常情况下，块级元素都是独占一行并且从上到下依次排列的。要使块级元素横向排列，一般使用浮动来实现。在 CSS 中通过 float 属性实现元素的浮动。float 属性值如表 6-3 所示。

表 6-3　float 的属性值

值	说明
left	元素向左浮动
right	元素向右浮动
none	元素不浮动，显示在文档流中
inherit	继承父元素的 float 属性值

浮动的性质比较复杂，下面通过几个例子来介绍浮动的几种情况。

当不设置浮动属性时，块级元素都是从上到下依次排列的。例如，example6-6.html 中定义了 4 个 div 块级元素，且未对其设置浮动，代码如下所示。

```
1  <!DOCTYPE html>
2  <html>
3   <head>
4     <meta charset="utf-8">
5     <title>浮动</title>
6     <style type="text/css">
7       .bigbox {
8         border: solid;
9         width: 400px;
10        height: 300px;
11      }
```

```
12        .d1 {
13          background-color: #FF0000;
14          width: 100px;
15          height: 100px;
16        }
17        .d2 {
18          background-color: #00FF00;
19          width: 100px;
20          height: 100px;
21        }
22        .d3 {
23          background-color: #0000FF;
24          width: 100px;
25          height: 100px;
26        }
27      </style>
28    </head>
29    <body>
30      <div class="bigbox">
31        <div class="d1">box1</div>
32        <div class="d2">box2</div>
33        <div class="d3">box3</div>
34      </div>
35    </body>
36  </html>
```

代码在浏览器中的运行效果如图 6-17 所示。最外层是父元素，设置了边框、宽度和高度。父元素包含了 3 个子元素，分别设置了不同的背景颜色和相同的高度、宽度。在没有设置浮动属性的情况下，3 个子元素是从上到下依次排列的。

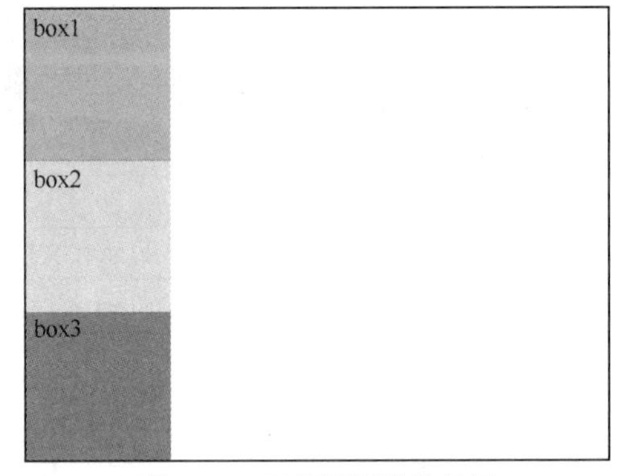

图 6-17　不设置浮动的效果

如果把 box1 设置为向右浮动，可以在 example6-6.html 的 d1 类样式中添加向右浮动属性，如 example6-7.html 中 d1 类样式的代码所示。

```
.d1 {
      background-color: #FF0000;
      width: 100px;
      height: 100px;
      float: right;
      }
```

代码在浏览器中的运行效果如图 6-18 所示。这时 box1 脱离文档流并且向右浮动，直到它的右边缘碰到父元素边框的右边缘。

如果把 box1 设置为向左浮动，可以在 example6-6.html 的 d1 类样式中添加向左浮动属性，如 example6-8.html 中 d1 类样式的代码所示。

```
.d1 {
    background-color: #FF0000;
    width: 100px;
    height: 100px;
    float: left;
    }
```

代码在浏览器中的运行效果如图 6-19 所示。这时 box1 脱离文档流并且向左浮动，直到它的左边缘碰到父元素边框的左边缘。因为它不再处于文档流中，所以它不占据空间，实际上覆盖住了 box2，使 box2 从视图中消失。

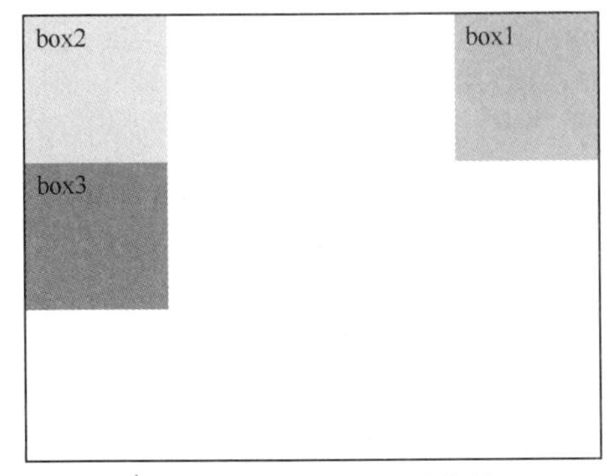

图 6-18 box1 向右浮动的效果

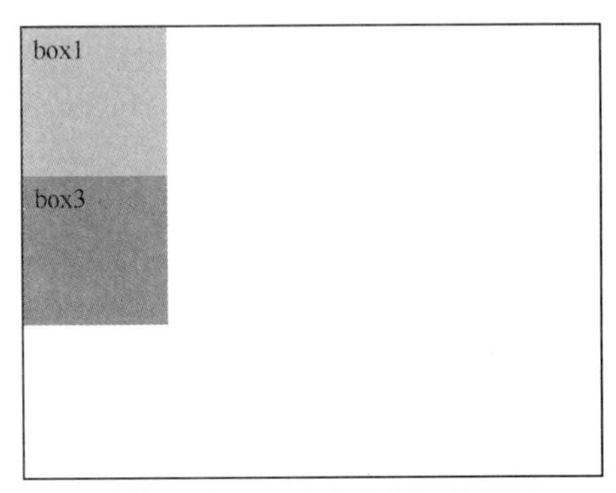

图 6-19 box1 向左浮动的效果

如果把 box1、box2、box3 都设置为向左浮动，可以在 example6-6.html 的 d1、d2、d3 类样式中添加向左浮动属性，如 example6-9.html 中 d1、d2、d3 类样式的代码所示。

```
.d1 {
    background-color: #FF0000;
    width: 100px;
    height: 100px;
    float: left;
    }
.d2 {
    background-color: #00FF00;
    width: 100px;
    height: 100px;
    float: left;
    }
.d3 {
    background-color: #0000FF;
    width: 100px;
    height: 100px;
    float: left;
    }
```

代码在浏览器中的运行效果如图 6-20 所示，这时 box1 会向左浮动直到碰到父元素边框，另外两个元素会向左浮动直到碰到前一个浮动元素。

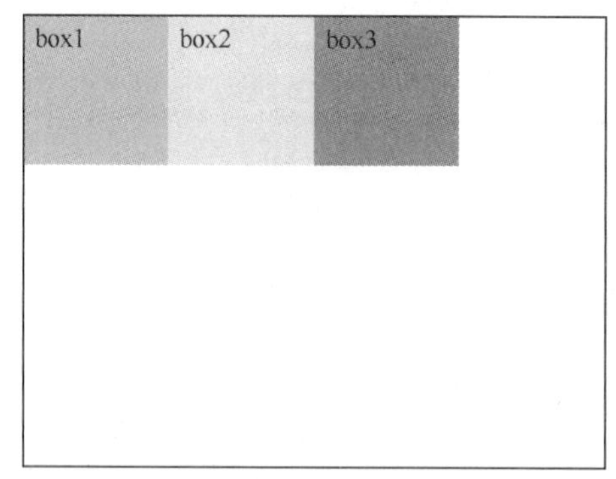

图 6-20　3 个 div 元素都向左浮动的效果

如果父元素的边框太窄，可以把 example6-6.html 的 bigbox 类样式中父元素的宽度设置为 250px，如 example6-10.html 中 bigbox 类样式的代码所示。

```
.bigbox {
    border: solid;
    width: 250px;
    height: 300px;
}
```

代码在浏览器中的运行效果如图 6-21 所示。此时父元素将无法容纳水平排列的 3 个浮动子元素，子元素会向下移动，直到有足够的空间为止。

如果浮动元素的高度不同，可以把 example6-6.html 的 d1 类样式中的高度修改为 120px，如 example6-11.html 中 d1 类样式的代码所示。

```
.d1 {
    background-color: #FF0000;
    width: 100px;
    height: 120px;
    float: left;
}
```

代码在浏览器中的运行效果如图 6-22 所示。由于父元素无法容纳水平排列的 3 个浮动子元素，所以 box3 会向下移动，并且会被 box1“卡住”。

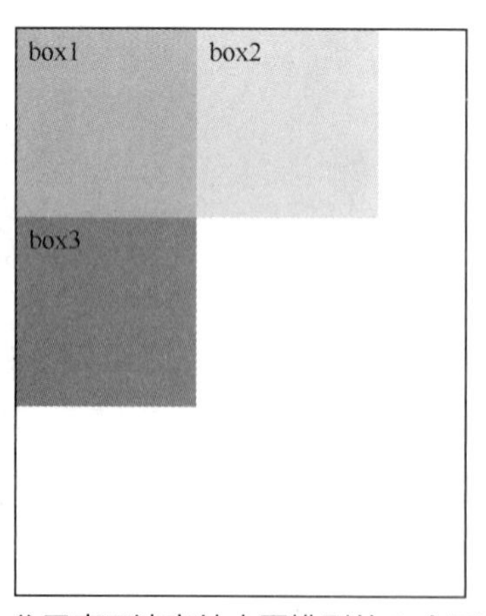

图 6-21　父元素无法容纳水平排列的 3 个浮动子元素

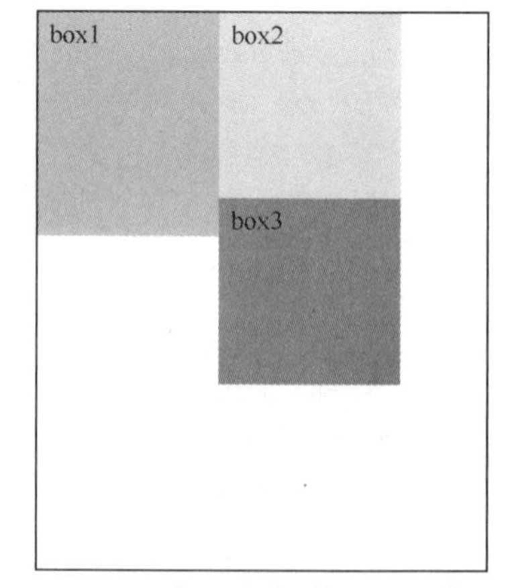

图 6-22　box3 向下移动时被 box1“卡住”

6.5 清除浮动

为元素设置浮动属性会导致紧邻它的后面的元素或者包含它的元素受到影响，从而使网页布局的效果变得不理想。这时就需要通过清除浮动来解决问题。

清除浮动使用 clear 属性，用来说明元素的哪一侧不允许出现其他浮动元素。clear 属性值如表 6-4 所示。

表 6-4 clear 的属性值

值	说明
left	左侧不允许出现浮动元素
right	右侧不允许出现浮动元素
both	左、右两侧均不允许出现浮动元素
none	允许浮动元素出现在两侧，默认值
inherit	继承父元素的 clear 属性值

清除浮动的方法有很多种，需要根据具体情况分析使用什么方法更合适。

（1）当元素浮动导致紧邻它的后面的元素受到影响时，可以在受影响的元素中设置清除浮动。

图 6-19 所示的情况中，box1 脱离文档流并且向左移动而覆盖 box2，导致 box2 从视图中消失。解决办法是在 box2 中使用 clear 属性清除浮动。完整代码如下面的 example6-12.html 所示。

```
1  <!DOCTYPE html>
2  <html>
3    <head>
4      <meta charset="utf-8">
5      <title>浮动</title>
6      <style type="text/css">
7        .bigbox {
8          border: solid;
9          width: 400px;
10         height: 300px;
11       }
12       .d1 {
13         background-color: #FF0000;
14         width: 100px;
15         height: 100px;
16         float: left;
17       }
18       .d2 {
19         background-color: #00FF00;
20         width: 100px;
21         height: 100px;
22         clear: left;
```

```
23          }
24          .d3 {
25            background-color: #0000FF;
26            width: 100px;
27            height: 100px;
28          }
29        </style>
30      </head>
31      <body>
32        <div class="bigbox">
33          <div class="d1">box1</div>
34          <div class="d2">box2</div>
35          <div class="d3">box3</div>
36        </div>
37      </body>
38    </html>
```

代码在浏览器中的运行效果如图 6-23 所示。虽然第 16 行代码设置了 box1 向左浮动，但是由于第 22 行代码对 box2 设置了清除左浮动，因此 box2 没有受到 box1 浮动的影响，未从视图中消失。

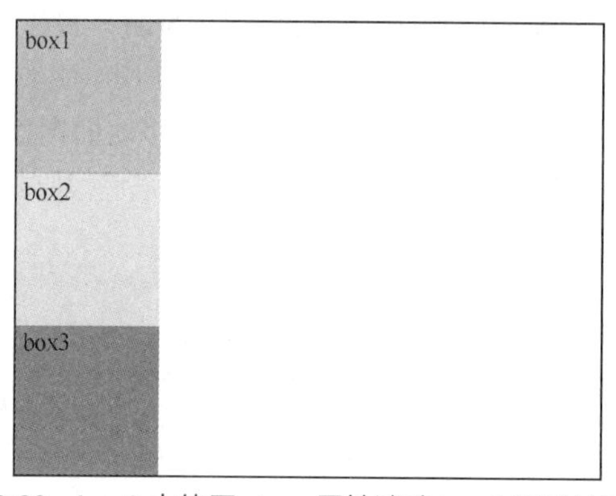

图 6-23　box2 中使用 clear 属性清除 box1 浮动的影响

（2）当元素浮动导致它的父元素“塌陷”，从而影响其他元素时，可以在父元素中设置清除浮动。

例如，下面 example6-13.html 的代码在不设置父元素高度的情况下使其子元素都向左浮动。

```
1  <!DOCTYPE html>
2  <html>
3    <head>
4      <meta charset="utf-8">
5      <title>浮动</title>
6      <style type="text/css">
7        .bigbox {
8          border: solid;
9          width: 400px;
10       }
```

```
11        .d1 {
12          background-color: #FF0000;
13          width: 100px;
14          height: 100px;
15          float: left;
16        }
17        .d2 {
18          background-color: #00FF00;
19          width: 100px;
20          height: 100px;
21          float: left;
22        }
23        .d3 {
24          background-color: #0000FF;
25          width: 100px;
26          height: 100px;
27          float: left;
28        }
29      </style>
30    </head>
31    <body>
32      <div class="bigbox">
33        <div class="d1">box1</div>
34        <div class="d2">box2</div>
35        <div class="d3">box3</div>
36      </div>
37    </body>
38  </html>
```

代码在浏览器中的运行效果如图 6-24 所示。因为对 3 个子元素都设置了向左浮动，它们不再处于文档流中，所以它们不占据父元素的空间。父元素没有内容就只显示边框了。

解决办法是在父元素中设置清除浮动。这种情况下清除浮动的方法有很多，如指定父元素的高度可以清除浮动影响。在 example6-13.html 的 bigbox 类样式中添加高度属性设置，如 example6-14.html 中 bigbox 类样式的代码所示。

```
.bigbox {
      border: solid;
      width: 400px;
      height: 100px;
   }
```

代码在浏览器中的运行效果如图 6-25 所示。该方法通过设置父元素的高度，使父元素的各边框显示了出来。

图 6-24　子元素浮动后父元素“塌陷”，只显示边框

box1　box2　box3

图 6-25　在父元素中设置清除浮动后的效果

但在实际开发中，父元素的高度由其内部元素决定，有时无法被提前判断，因此推荐使用 after 伪元素法清除浮动。该方法的基本语法格式如下所示。

```
父元素选择器::after {display: block; content: ""; clear: both;}
```

在 example6-13.html 中为父元素选择器 bigbox 添加伪元素，如 example6-15.html 中 bigbox 类样式的代码所示。

```
.bigbox {border: solid;width: 400px;}
.bigbox::after {display: block;content: "";clear: both;}
```

代码在浏览器中的运行效果与图 6-25 所示的效果一样。

小贴士

设置浮动可以带来灵活多变的布局，但也会影响周围元素的位置。因此，要根据实际情况，结合清除浮动属性来消除影响。每一个细小的知识点都蕴含着丰富的原理，我们不光要看到简单表象，更要思考复杂的应用场景，并通过实践总结出解决问题的方法。

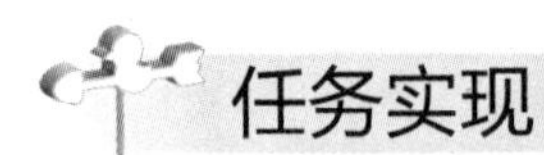

任务实现

扫码观看视频

根据任务描述，可以按以下步骤来完成任务。

1. 搭建网页 HTML 结构

在 HBuilderX 中打开之前创建的项目 Dudaweb，将素材文件中提供的所有图片复制到 img 文件夹中备用。

根据页面布局效果，整个页面从上往下，分别是网页头部、导航栏、网页横幅、网页主体内容和网页底部五大部分。其中，网页主体内容包含 3 个部分：产品展示、新闻中心和公司简介。为了达到页面的布局效果，可以将页面分成几个大的盒子，在每个大盒子中再嵌套小盒子。页面的布局方案如图 6-26 所示。

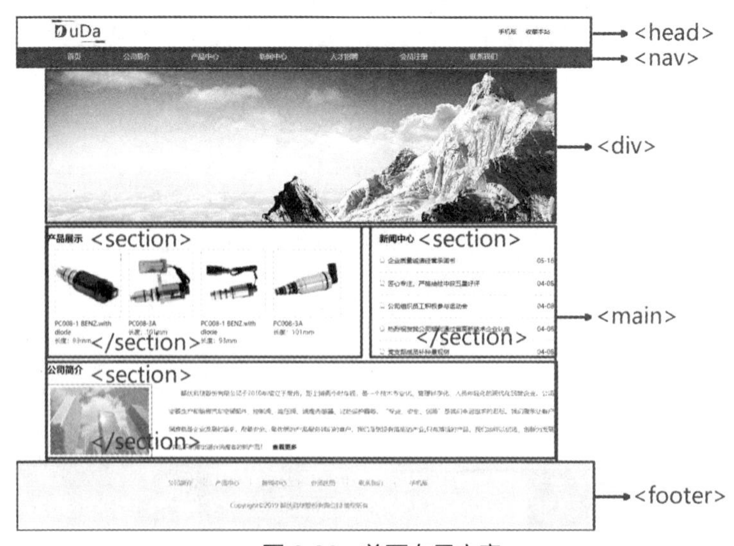

图 6-26　首页布局方案

打开 index.html 文件，编写 HTML 结构，代码如下所示。

```
1  <!DOCTYPE html>
2  <html>
3    <head>
4      <meta charset="utf-8" />
5      <title>都达科技股份有限公司</title>
6      <link rel="stylesheet" type="text/css" href="css/index.css" />
7    </head>
8    <body>
9      <header>
10       <div class="logo"><img src="img/logo.png" /></div>
11       <div class="topnav">
12         <ul>
13           <li><a href="#">手机版</a></li>
14           <li><a href="#">收藏本站</a></li>
15         </ul>
16       </div>
17     </header>
18     <nav>
19       <ul>
20         <li><a href="index.html">首页</a></li>
21         <li><a href="gsjj.html">公司简介</a></li>
22         <li><a href="#">产品中心</a></li>
23         <li><a href="#">新闻中心</a></li>
24         <li><a href="#">人才招聘</a></li>
25         <li><a href="#">会员注册</a></li>
26         <li><a href="#">联系我们</a></li>
27       </ul>
28     </nav>
29     <div class="banner"><img src="img/1.jpg" /></div>
30     <main>
31       <section class="product">      <!-- 产品展示 -->
32         <h2>产品展示</h2>
33         <ul>
34           <li><a href="#"><img src="img/pro-1.jpg" alt="产品图" />
35               <p>PC008-1 BENZ.with diode<br /><span>长度：93mm</span></p>
36             </a></li>
37           <li><a href="#"><img src="img/pro-2.jpg" alt="产品图" />
38               <p>PC008-3A<br /><span>长度：101mm</span></p>
39             </a></li>
40           <li><a href="#"><img src="img/pro-3.jpg" alt="产品图" />
41               <p>PC008-1 BENZ.with diode<br /><span>长度：93mm</span></p>
42             </a></li>
43           <li><a href="#"><img src="img/pro-4.jpg" alt="产品图" />
44               <p>PC008-3A<br /><span>长度：101mm</span></p>
45             </a></li>
```

```
46          </ul>
47        </section>
48        <section class="news">      <!-- 新闻中心 -->
49          <h2>新闻中心</h2>
50          <ul>
51            <li><a href="#">企业质量诚信经营承诺书<span>05-16</span></a></li>
52            <li><a href="#">匠心专注，严格抽检中获五星好评<span>04-08</span></a></li>
53            <li><a href="#">公司组织员工积极参与运动会<span>04-08</span></a></li>
54            <li><a href="#">热烈祝贺我公司顺利通过省高新技术企业认定<span>04-08</span></a></li>
55            <li><a href="#">党支部成员补种景观树<span>04-08</span></a></li>
56          </ul>
57        </section>
58        <section class="about">      <!-- 公司简介 -->
59          <h2>公司简介</h2>
60          <img src="img/gongsi.jpg" />
61          <p>都达科技股份有限公司于 2010 年成立于常州，距上海两小时车程，是一个技术专业化、管理科学化、人员年轻化的现代化民营企业。公司主要生产和销售汽车空调配件、控制阀、泄压阀、速度传感器、过热保护器等。“专业、安全、创新”是我们永远追求的目标。我们秉承让客户满意就是企业发展的追求，坚持“是中国的，也是世界的”这种经营理念，用最安全、最优质的产品服务于我们的客户。我们坚信没有落后的产业，只有落后的产品，我们始终以创造、创新为发展方向，不断推出适合消费者的新产品！
62            <a href="gsjj.html">查看更多</a>
63          </p>
64        </section>
65      </main>
66      <footer>
67        <div class="footnav">
68          <ul>
69            <li><a href="gsjj.html">公司简介</a></li>
70            <li><a href="#">产品中心</a></li>
71            <li><a href="#">新闻中心</a></li>
72            <li><a href="#">会员注册</a></li>
73            <li><a href="#">联系我们</a></li>
74            <li><a href="#">手机版</a></li>
75          </ul>
76        </div>
77        <div class="copyright">Copyright&copy;2019 都达科技股份有限公司 版权所有</div>
78      </footer>
79    </body>
80  </html>
```

2. 根据网页结构按从上往下的顺序编写 CSS 样式

该页面中的导航栏、新闻中心模块和公司简介模块的制作在单元 5 中有对应的案例，制作产品展示模块是本单元的第一个任务，这里不再重复讲解。这里重点关注代码加粗部分的元素浮动属性设置和清除浮动属性设置，学习如何设置并排元素的浮动属性，同时为了避免浮动带来的布局错位，要在恰当的位置清除浮动。

该页面的样式关联的是 index.css 文件，在 css 文件夹中新建 index.css 文件，编写 CSS 代码如下所示。

```
1  * {
2    padding: 0;
3    margin: 0;
4  }
5  body {
6    font-size: 14px;
7    font-family: "微软雅黑";
8  }
9  a {
10   text-decoration: none;
11   color: #000000;
12 }
13 ul {list-style: none;}
14                                        /* 网页头部样式 */
15 header {
16   height: 60px;
17   width: 1170px;
18   margin: 5px auto;
19 }
20 .logo {  float: left;}                 /*Logo 向左浮动 */
21 .topnav {float: right;}                /*顶部导航向右浮动，与 Logo 显示在一行 */
22 .topnav li {float: left;}              /*顶部两个链接菜单向左浮动，在一行显示 */
23 .topnav li a {
24    display: block;
25    line-height: 60px;
26    color: #000;
27    padding: 0 10px;
28 }
29                                        /*导航栏样式*/
30 nav {
31    height: 40px;
32    background-color: #0072C6;
33 }
34 nav ul {
35    width: 1170px;
36    margin: auto;
37 }
38 nav ul li {
39    width: 160px;
40    float: left;                        /*导航栏的每个菜单向左浮动，实现一行多列布局 */
41 }
42 nav ul li a {
43    color: #FFFFFF;
44    text-decoration: none;
45    font-size: 16px;
46    text-align: center;
47    line-height: 40px;
```

```
48    display: block;
49  }
50  nav ul li a:hover {  background-color: orange;}
51                                  /* 网页横幅样式 */
52  .banner {
53    height: 340px;
54    width: 1170px;
55    margin: 10px auto;
56  }
57  .banner img {
58    height: 340px;
59    width: 1170px;
60  }
61  main {
62    width: 1170px;
63    margin: 10px auto;
64  }
65                                  /* 产品展示模块样式 */
66  .product {
67    width: 725px;
68    height: 280px;
69    float: left;                  /*产品展示模块向左浮动 */
70    border-right: #D1D1D1 1px solid;
71  }
72  .product h2 {line-height: 50px;}
73  .product li {
74    float: left;                  /*每个产品向左浮动，实现一行显示 4 个产品 */
75    width: 152px;
76    margin-left: 18px;
77  }
78  .product li img {
79    width: 150px;
80    height: 150px;
81    border: 1px solid #E4E4E4;
82  }
83  .product li span {  color: #CC0000;}
84                                  /*新闻中心模块样式*/
85  .news {
86    width: 400px;
87    margin-left: 30px;
88    float: right;                 /*新闻中心模块向右浮动，与产品展示模块显示在一行*/
89  }
90  .news h2 {
91    font-size: 20px;
92    line-height: 50px;
93  }
94  .news li {
95    line-height: 50px;
96    border-bottom: 1px dotted #D1D1D1;
```

```
97    list-style: url(../img/icon1.jpg) inside;
98  }
99  .news li:last-child {border: none;}
100  .news li span {float: right;}       /*每条新闻的日期向右浮动，与新闻标题显示在一行 */
101  .news li a {
102    color: #000000;
103    text-decoration: none;
104  }
105  .news li a:hover {  color: #FFA500;}
106                                /* 公司简介模块样式 */
107  .about {
108    margin: 20px 0;
109    clear: both;                /*清除之前浮动带来的影响，在下一行显示公司简介*/
110  }
111  .about h2 {margin: 20px 0;}
112  .about img {
113    width: 230px;
114    height: 150px;
115    border: #0072C6 solid 1px;
116    padding: 6px;
117    float: left;                /*公司简介图片向左浮动 */
118    margin-right: 40px;
119  }
120  .about p {
121    text-indent: 2em;
122    line-height: 40px;
123    color: #666666;
124    font-size: 14px;
125    text-align: justify;
126  }
127  .about p a {
128    font-weight: bold;
129    margin: 0 10px;
130  }
131  .about p a:hover {text-decoration: underline;}
132                                /*网页底部样式 */
133  footer {
134    padding-top: 40px;
135    background-color: #F6F6F6;
136  }
137  .footnav {
138    width: 1170px;
139    margin: 0 auto;
140  }
141  .footnav ul {
142    width: 660px;
143    height: 40px;
144    margin: auto;
```

```
145 }
146 .footnav li {
147   width: 109px;
148   float: left;           /*底部导航中的每个菜单向左浮动，实现一行显示多列*/
149   text-align: center;
150   border-right: 1px solid #D8D8D8;
151 }
152 .footnav li:last-child {border-right: none;}
153 .footnav li a {color: #888888;}
154 .copyright {
155   text-align: center;
156   color: #888;
157   padding-bottom: 40px;
158   margin: 10px auto;
159 }
```

从以上 CSS 代码可以看出，网页头部的 Logo 和导航超链接菜单、导航栏子元素、底部导航等都使用到了浮动布局，并且为了消除浮动带来的影响，设置了相应浮动元素的父元素的高度。网页主体部分中的产品展示模块和新闻中心模块都设置了浮动。同样地，为了消除浮动带来的影响，在公司简介模块设置了清除浮动。

代码在浏览器中的运行效果如图 6-12 所示。

任务3 制作公司网站首页的固定侧边菜单

任务描述

在任务 2 完成的公司网站首页设置一个固定的侧边菜单，显示“意见反馈”超链接和“关注我们”菜单。当鼠标指针悬停在“关注我们”菜单上时，其右侧会显示二维码图片，页面效果如图 6-27 所示。

图 6-27　首页固定侧边菜单的效果

前导知识

6.6 定位与布局简介

前面介绍的浮动布局可以实现块级元素的横向排列，一般用于大模块的布局，而网页元素有时需要精确定位，这时就需要使用定位布局。使用特定的定位布局，可以让网页元素相对于其正常位置或父元素，甚至是浏览器窗口进行精确定位，功能非常强大。联合使用浮动和定位布局，可以使网页布局效果更加丰富多彩。

CSS 中使用 position 属性指定元素的定位类型，其常用属性值如表 6-5 所示。

表 6-5　常用的 position 属性值

值	说明	偏移影响
static	静态定位（默认值），元素根据页面的文档流进行定位	设置为静态定位的元素不受 top、bottom、left 和 right 属性的影响
relative	相对定位，元素相对于其正常位置进行定位，原本所占的空间仍保留	元素受 top、right、bottom 和 left 属性影响
absolute	绝对定位，元素相对于最近的父元素进行定位，原本所占的空间消失，效果类似于浮动	
fixed	固定定位，元素相对于浏览器窗口定位，原本所占的空间消失，效果类似于浮动，滚动页面时元素的位置不变	

6.7 相对定位

相对定位是将元素相对于其文档流中的位置进行的定位。如果要对一个元素进行相对定位，需要设置其 position 属性值为 relative，然后可以通过设置 top、right、bottom 或 left 偏移属性，让元素“相对于”它的原始位置进行偏移，但是它原本所占的空间仍保留。

例如，下面 example6-16.html 的代码实现了相对定位元素的效果。

```
1  <!DOCTYPE html>
2  <html>
3    <head>
4      <meta charset="utf-8">
5      <title>相对定位</title>
6      <style>
7        #d1 {
8          width: 200px;
9          height: 200px;
10         background-color: lightgray;
11         border: 1px solid gray;
12         position: relative;
13         left: 100px;
14         top: 50px;
```

```
15        }
16      </style>
17    </head>
18    <body>
19      <h2>相对定位</h2>
20      <div id="d1">相对定位偏移后位置</div>
21    </body>
22  </html>
```

上面的代码对 div 元素设置了相对定位，其实际位置会相对初始位置的左上角坐标(0,0)发生偏移，原本所占空间在网页中继续保留。

代码在浏览器中的运行效果如图 6-28 所示。

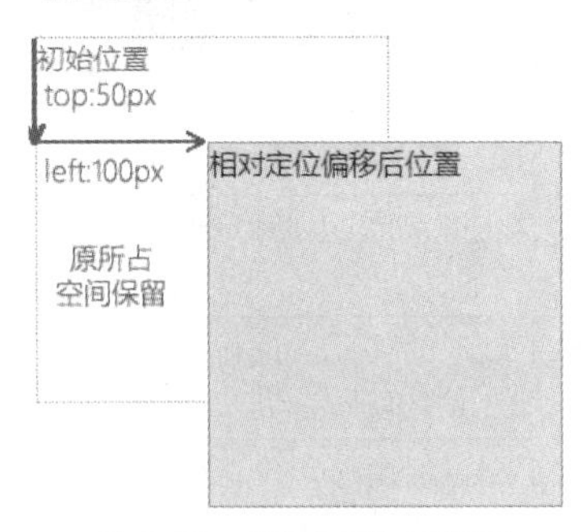

图 6-28　相对定位的效果

6.8 绝对定位

绝对定位是将元素相对于其最近的已定位父元素进行的定位。如果对一个元素进行绝对定位，需要设置其 position 属性值为 absolute，然后可以通过设置 top、right、bottom 或 left 偏移属性，让元素“相对于”它已定位的父元素进行偏移；如果元素没有已定位的父元素，那么它的位置将相对于浏览器窗口进行偏移。注意，设置了绝对定位的元素会完全脱离文档流，不占据空间，类似于浮动效果，所以绝对定位的元素和其他元素可能会重叠。

例如，下面 example6-17.html 的代码实现了绝对定位元素的效果。

```
1  <!DOCTYPE html>
2  <html>
3    <head>
4      <meta charset="utf-8">
5      <title>绝对定位</title>
6      <style>
7        #d1 {
8          width: 200px;
9          height: 200px;
10         background-color: lightgray;
11         border: 1px solid gray;
12         position: absolute;
13         left: 100px;
```

```
14          top: 50px;
15        }
16      </style>
17    </head>
18    <body>
19      <h2>绝对定位</h2>
20      <div id="d1">绝对定位偏移后位置</div>
21    </body>
22  </html>
```

上面的代码对 div 元素设置了绝对定位。按照定义，它应该相对于其已定位的父元素进行偏移，但是该 div 元素没有设置定位的父元素，所以其相对于浏览器窗口的左上角进行了偏移，原本在网页中所占空间不保留。

代码在浏览器中的运行效果如图 6-29 所示。

图 6-29　绝对定位的效果

修改上面的示例代码，将 div 元素置于一个已设置定位的父元素内，如 example6-18.html 的代码所示。

```
1  <!DOCTYPE html>
2  <html>
3    <head>
4      <meta charset="utf-8">
5      <title>绝对定位</title>
6      <style>
7        #d0 {
8          width: 300px;
9          height: 300px;
10         background-color: lightpink;
11         border: 1px solid red;
12         position: relative;
13       }
14       #d1 {
15         width: 200px;
16         height: 200px;
17         background-color: lightgray;
18         border: 1px solid gray;
19         position: absolute;
```

```
20          left: 100px;
21          top: 50px;
22        }
23      </style>
24    </head>
25    <body>
26      <h2>相对定位和绝对定位</h2>
27      <div id="d0">
28        <div id="d1">绝对定位后偏移位置</div>
29      </div>
30    </body>
31  </html>
```

上面代码为内部 div 元素设置了绝对定位，使其相对于已定位的父元素（id="d0"）进行偏移。

代码在浏览器中的运行效果如图 6-30 所示。

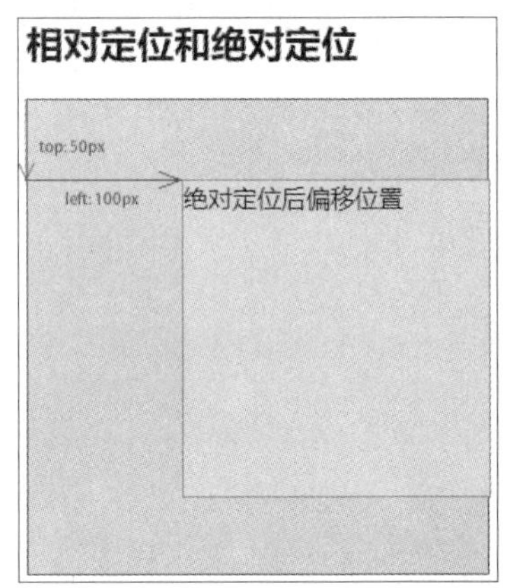

图 6-30　相对定位和绝对定位的效果

实际应用中，相对定位和绝对定位一般会配合使用。设置了相对定位的元素（即父元素）一般被用来作为绝对定位元素的容器，并且不设置偏移量。设置了绝对定位的元素作为子元素，通过设置偏移量可以达到很好的定位布局效果。精确定位的口诀可以概括为“子绝（absolute）父相（relative）”。

下面通过案例演示精确定位的方法。本案例对前面完成的公司网站首页进行改进。在横幅图片上添加“勇攀高峰 砥砺前行”文本，在产品展示模块右上角添加“更多产品”超链接，在第一个产品右上角添加“*hot!*”色块，在新闻中心模块右上角添加“更多文章”超链接，效果如图 6-31 所示。这些元素的定位都是运用相对定位结合绝对定位来实现的，具体实现步骤如下。

图 6-31　模块的精确定位效果

1．完善 HTML 结构代码

在本单元任务 2 中的 index.html 基础上增加如下加粗部分的代码。

```
1  <!DOCTYPE html>
2  <html>
3    <head>
4      <meta charset="utf-8" />
5      <title>都达科技股份有限公司</title>
6      <link rel="stylesheet" type="text/css" href="css/index.css" />
7    </head>
8    <body>
9      <header>
10       <div class="logo"><img src="img/logo.png" /></div>
11       <div class="topnav">
12         <ul>
13           <li><a href="#">手机版</a></li>
14           <li><a href="#">收藏本站</a></li>
15         </ul>
16       </div>
17     </header>
18     <nav>
19       <ul>
20         <li><a href="index.html">首页</a></li>
21         <li><a href="gsjj.html">公司简介</a></li>
22         <li><a href="#">产品中心</a></li>
23         <li><a href="#">新闻中心</a></li>
24         <li><a href="#">人才招聘</a></li>
25         <li><a href="#">会员注册</a></li>
26         <li><a href="#">联系我们</a></li>
27       </ul>
28     </nav>
29     <div class="banner">
30       <img src="img/1.jpg" /><span>勇攀高峰 砥砺前行</span>
31     </div>
32     <main>
33       <!-- 产品展示 -->
34       <section class="product">
35         <h2>产品展示</h2><a href="#">更多产品</a>
36         <ul>
37           <li><a href="#"><img src="img/pro-1.jpg" alt="产品图" /><strong>hot!</strong>
38                 <p>PC008-1 BENZ.with diode<br /><span>长度：93mm</span></p>
39             </a></li>
40           <li><a href="#"><img src="img/pro-2.jpg" alt="产品图" />
41                 <p>PC008-3A<br /><span>长度：101mm</span></p>
42             </a></li>
43           <li><a href="#"><img src="img/pro-3.jpg" alt="产品图" />
44                 <p>PC008-1 BENZ.with diode<br /><span>长度：93mm</span></p>
```

```
45              </a></li>
46            <li><a href="#"><img src="img/pro-4.jpg" alt="产品图" />
47                <p>PC008-3A<br /><span>长度: 101mm</span></p>
48              </a></li>
49          </ul>
50        </section>
51        <!-- 新闻中心 -->
52        <section class="news">
53          <h2>新闻中心</h2><a href="#">更多文章</a>
54          <ul>
55            <li><a href="#">企业质量诚信经营承诺书<span>05-16</span></a></li>
56            <li><a href="#">匠心专注，严格抽检中获五星好评<span>04-08</span></a></li>
57            <li><a href="#">公司组织员工积极参与运动会<span>04-08</span></a></li>
58            <li><a href="#">热烈祝贺我公司顺利通过省高新技术企业认定<span>04-08</span></a></li>
59            <li><a href="#">党支部成员补种景观树<span>04-08</span></a></li>
60          </ul>
61        </section>
      <!—此处省略了公司简介部分代码-->
62      </main>
63      <footer>
64        <div class="footnav">
65          <ul>
66            <li><a href="gsjj.html">公司简介</a></li>
67            <li><a href="#">产品中心</a></li>
68            <li><a href="#">新闻中心</a></li>
69            <li><a href="#">会员注册</a></li>
70            <li><a href="#">联系我们</a></li>
71            <li><a href="#">手机版</a></li>
72          </ul>
73        </div>
74        <div class="copyright">
75          Copyright&copy;2019 都达科技股份有限公司 版权所有
76        </div>
77      </footer>
78    </body>
79  </html>
```

2. 完善 CSS 样式代码

打开本单元任务 2 的样式文件 index.css，在对应模块添加样式。主要修改了网页横幅、产品展示和新闻中心 3 个模块的样式，如下面加粗部分的代码所示。

```
1                     /* 网页横幅样式 */
2  .banner {
3    height: 340px;
4    width: 1170px;
5    margin: 10px auto;
6    position: relative;          /* 设置父元素相对定位 */
```

```
 7 }
 8 .banner img {
 9   height: 340px;
10   width: 1170px;
11 }
12                                 /* "勇攀高峰 砥砺前行"文本样式设置 */
13 .banner span {
14   font-size: 50px;
15   font-weight: bolder;
16   color: #0072C6;
17   position: absolute;
18   top: 100px;
19   left: 60px;
20 }
21 main {
22   width: 1170px;
23   margin: 10px auto;
24 }
25                                 /* 产品展示模块样式 */
26 .product {
27   width: 725px;
28   height: 280px;
29   float: left;                  /* 产品展示模块向左浮动 */
30   border-right: #D1D1D1 1px solid;
31   position: relative;           /* 设置父元素相对定位 */
32 }
33 .product h2 {line-height: 50px;}
34                                 /* "更多产品"超链接样式设置 */
35 .product>a {
36   position: absolute;
37   top: 15px;
38   right: 30px;
39   width: 90px;
40   text-align: center;
41   line-height: 21px;
42   background-color: #0072C6;
43   color: #FFF;
44 }
45 .product li {
46   float: left;                  /* 每个产品向左浮动，实现一行显示 4 个产品 */
47   width: 152px;
48   margin-left: 18px;
49   position: relative;
50 }                               /* 设置父元素相对定位 */
51                                 /* "hot!"样式设置 */
52 .product strong {
53   position: absolute;
```

```
54      top: 10px;
55      right: 0;
56      padding: 0 10px;
57      background-color: indianred;
58      color: #FFF;
59      font-weight: 400;
60      font-style: italic;
61  }
62  .product li img {
63      width: 150px;
64      height: 150px;
65      border: 1px solid #E4E4E4;
66  }
67  .product li span {color: #CC0000;}
68                              /* 新闻中心模块样式 */
69  .news {
70      width: 400px;
71      margin-left: 30px;
72      float: right;           /* 新闻中心模块向右浮动，与产品展示模块显示在一行 */
73      position: relative;     /* 设置父元素相对定位 */
74  }
75  .news h2 {
76      font-size: 20px;
77      line-height: 50px;
78  }
79                              /* "更多文章"超链接样式设置 */
80  .news>a {
81      position: absolute;
82      top: 15px;
83      right: 0;
84      width: 90px;
85      text-align: center;
86      line-height: 21px;
87      background-color: #0072C6;
88      color: #FFF;
89  }
90  .news li {
91      line-height: 50px;
92      border-bottom: 1px dotted #D1D1D1;
93      list-style: url(../img/icon1.jpg) inside;
94  }
95  .news li:last-child {border: none;}
96  .news li span {float: right;}       /* 每条新闻的日期向右浮动，与新闻标题显示在一行 */
97
98  .news li a {
99      color: #000000;
100     text-decoration: none;
101 }
102 .news li a:hover {  color: #FFA500;}
```

代码中“勇攀高峰 砥砺前行”“更多产品”“hot!”“更多文章”这几个元素都设置了绝对定位，对应的父元素都设置了相对定位。通过“子绝父相”的原则实现了元素的精确定位。

代码在浏览器中的运行效果如图 6-31 所示。

扫码观看视频

6.9 固定定位

固定定位就是将 position 属性设置为 fixed，是相对于浏览器窗口进行的定位。设置了固定定位的元素会固定在浏览器窗口中的某个位置而不随滚动条滚动，并且会脱离原来的文档流，可能会和其他元素重叠。例如，下面 example6-19.html 的代码实现了固定定位元素的效果。

```
1  <!DOCTYPE html>
2  <html>
3    <head>
4      <meta charset="utf-8">
5      <title>固定定位</title>
6      <style>
7        #d0 {
8          width: 300px;
9          height: 300px;
10         background-color: lightpink;
11         border: 1px solid red;
12       }
13       #d1 {
14         width: 80px;
15         height: 30px;
16         background-color: lightgray;
17         border: 1px solid gray;
18         position: fixed;
19         left: 0px;
20         top: 130px;
21       }
22     </style>
23   </head>
24   <body>
25     <h2>固定定位</h2>
26     <div id="d0">
27       <div id="d1">固定定位</div>
28     </div>
29   </body>
30 </html>
```

上面的代码对 div 元素（id="d1"）设置了固定定位，让其相对于浏览器窗口进行偏移，与其父元素（id="d0"）的位置存在重叠。

代码在浏览器中的运行效果如图 6-32 所示。

图 6-32　固定定位的效果

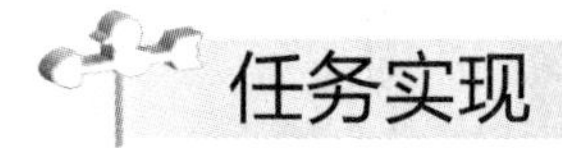

任务实现

根据任务描述，可以按以下步骤来完成任务。

1. 搭建侧边菜单的 HTML 结构

由于设置为固定定位的元素是脱离文档流相对于浏览器窗口进行定位的，因此固定定位的侧边菜单的 HTML 结构代码可以添加在整体网页代码的任意位置。为了不破坏原来网页的语义结构，一般添加在网页结构的末尾。打开前面项目 Dudaweb 中的 index.html 文件，在</footer>后面、</body>前面添加如下代码。

```
1  <div class="sidemenu">
2    <ul>
3      <li><a href="#">意见反馈</a></li>
4      <li class="gz">关注我们<img src="img/ewm.png" /></li>
5    </ul>
6  </div>
```

上面的代码使用无序列表来实现侧边菜单。第二个菜单项中的二维码图片应该是相对于第二个菜单项的位置进行定位的，因此作为子元素包含在第二个菜单项中。

2. 编写 CSS 代码

在 css 文件夹下的 index.css 文件中追加如下代码。

```
1  /*固定的侧边菜单 */
2  .sidemenu {
3    position: fixed;
4    top: 50%;
5    left: 5px;
6    margin-top: -50px;
7  }
8  .sidemenu li {
9    width: 50px;
10   height: 50px;
11   background-color: #999999;
12   color: #FFFFFF;
13   list-style: none;
```

```
14   text-align: center;
15   font-size: 18px;
16   padding: 5px;
17   border-bottom: dotted #FFFFFF 1px;
18 }
19 .sidemenu li a {
20   color: #FFFFFF;
21   text-decoration: none;
22 }
23 .sidemenu li:hover {
24   cursor: pointer;
25   background-color: orange;
26 }
27 .gz {position: relative;}
28 .gz img {
29   position: absolute;
30   top: 0;
31   left: 60px;
32   display: none;
33 }
34 .gz:hover img {display: block;}
```

以上样式代码中，整个侧边菜单设置为固定定位。为了在“关注我们”的右侧出现二维码，根据“子绝父相”的口诀，设置“关注我们”菜单项.gz 的定位为 relative，二维码图片.gz img 的定位为 absolute。为了保持二维码图片与“关注我们”水平对齐，将 top 属性值设为 0，使 left 属性值等于菜单的宽度 60px。

代码在浏览器中的运行效果如图 6-33 所示。

图 6-33　固定定位侧边菜单的效果

小贴士

只有对网页中的元素设置合理的定位，才能实现理想的网页效果。人生也是如此。我们如果没有作出好的定位，就没有明确的目标，也就不可能成就任何事业。人生需要定位，定位自我发展方向，定位人生目标。越早为自己的未来做准备，越早成为期待的自己，越早能感受到人生中的幸福。

单元小结

本单元通过完成制作产品展示模块、制作公司网站首页和制作公司网站首页的固定侧边菜单3个任务，介绍了盒子模型、外边距合并、文档流、浮动和定位布局的使用方法等内容。通过对本单元的学习，读者可以掌握多种页面布局及对页面中的不同元素进行精确定位的方法。

思考练习

一、单选题

1. “p{ margin-top:20px;}”表示的含义是（　　）。
   A. 段落的上边框到段落上面的其他元素的下边框的距离是20px
   B. 段落的上边框到段落内容之间的距离是20px
   C. 段落的上边框到段落的下边框之间的距离是20px
   D. 段落的上边框到段落上面的其他元素的上边框的距离是20px
2. 如果有盒子嵌套，要调整外面盒子和里面盒子之间的距离，则下列各项正确的是（　　）。
   A. 一般用外面盒子的margin属性来调整，可以避免外边距合并的现象出现
   B. 一般用外面盒子的padding属性来调整，可以避免外边距合并的现象出现
   C. 一般用里面盒子的margin属性来调整，可以避免外边距合并的现象出现
   D. 一般用里面盒子的padding属性来调整，可以避免外边距合并的现象出现
3. 下列属性中，用于定义外边距的是（　　）。
   A. content　　B. padding　　C. border　　D. margin
4. 默认情况下，（　　）元素设置width属性和height属性可以生效。
   A. div　　B. span　　C. strong　　D. em
5. 与以下CSS代码效果等同的是（　　）。

```
.box { margin:10px 5px; margin-right:10px; margin-top:5px; }
```

   A. .box { margin:5px 10px 10px 5px; }
   B. .box { margin:5px 10px 0px 0px; }
   C. .box { margin:5px 10px; }
   D. .box { margin:10px 5px 10px 5px; }
6. 下列描述错误的是（　　）。
   A. 相对定位是相对于元素初始位置进行的定位
   B. 绝对定位是相对于浏览器窗口进行的定位
   C. 设置相对定位后，元素原本所占的空间仍保留
   D. 设置绝对定位后，元素原本所占的空间不保留
7. 已知一个设置了绝对定位的元素b位于其父元素a中，a元素设置为静态定位，则b元素将以（　　）为基准进行偏移。
   A. a元素　　B. b元素的初始位置
   C. html元素　　D. 以上答案都不对

8. 下列关于浮动的描述不正确的是（　　）。

A. 浮动的元素会变成块级元素

B. 浮动元素会完全脱离文档流，其他元素当它不存在

C. 浮动定位与相对定位有很多相似之处

D. 应该为所有浮动元素设定宽度，否则结果将是不可预知的

9. 下列关于浮动的描述正确的是（　　）。

A. 浮动只能向左或向右浮动

B. 浮动元素不能设置高度和宽度

C. 浮动的块级元素的宽度会失效

D. 如果把 3 个 div 元素都设置为向左浮动，则它们会显示在一行上

10. 对于“<div>1</div><div>2</div><div>3</div>”3 个 div 元素，如果要按照 1、2、3 的顺序排列在一行，可以通过下面（　　）方法可以实现。

A. 1 和 2 都向左浮动

B. 1 和 2 都向右浮动

C. 3 个 div 元素都向右浮动

D. 1 和 2 向左浮动，3 向右浮动

11. 下列不会让 div 元素脱离文档流的语句是（　　）。

A. position：fixed;

B. position：relative;

C. position：absolute;

D. float：left;

12. 默认情况下，下列关于定位布局的说法不正确的是（　　）。

A. 固定定位元素的位置是相对于浏览器的 4 条边进行定位的

B. 相对定位元素的位置是相对于原始位置进行定位的

C. 绝对定位元素的位置是相对于原始位置进行定位的

D. position 属性的默认值是 static

13. 阅读下面的 HTML 代码，如果期望 tabs 子元素位于 box 父元素的右下角，则需要添加的 CSS 代码是（　　）。

```
<div id="box"><div id="tabs"></div></div>
```

A. #tabs { position:absolute; right:0; bottom:0; }

B. #tabs { position:relative; right:0; bottom:0; }

C. #box { position:relative; } #tabs { position:absolute; right:0; bottom:0; }

D. #box { position:relative; } #tabs { position:right bottom; }

14. 将元素相对自己原来的位置向上移动 20px，正确的 CSS 属性设置是（　　）。

A. position:relative; top:-20px;

B. position:relative; top:20px;

C. position:absolute; top:-20px;

D. position:absolute; top:20px;

二、实践操作题

1. 编写 HTML 代码，运用定位布局实现一个二级菜单。当鼠标指针悬停在指定导航菜单项上面时，其右侧显示二级菜单，效果如图 6-34 所示。

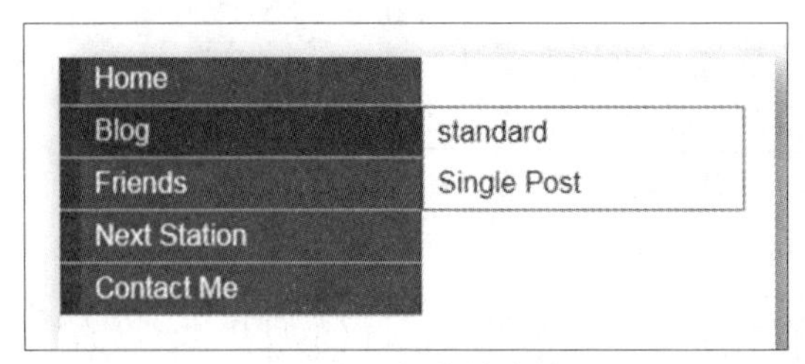

图 6-34　二级菜单的效果

2. 使用盒子模型和浮动原理，模仿实现中国文明网中全国道德模范表彰网页中一个模块的效果，如图 6-35 所示。

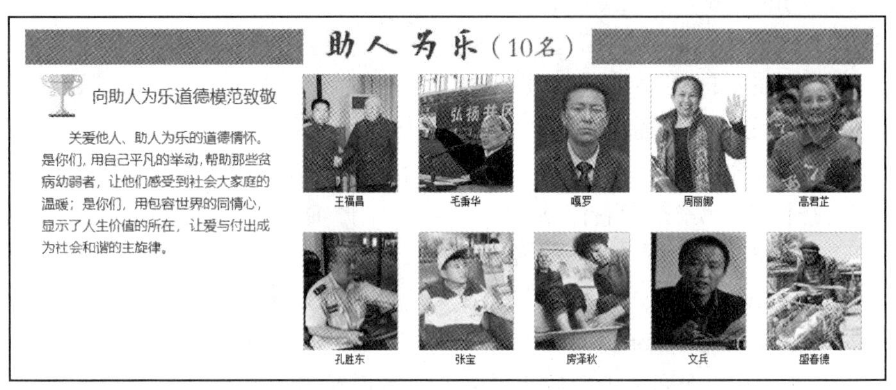

图 6-35　中国文明网中的一个模块效果

单元 7 项目实践——制作传统文化网站首页

经过前面 6 个单元的学习，相信大家已经熟练掌握了 HTML5 的基础知识、CSS3 的基础知识，以及网页布局和排版的方法。为了有效地巩固所学知识，本单元将综合应用前 6 个单元所讲的内容，完成一个实践项目——制作传统文化网站首页。

学习目标

★ 掌握使用 HTML5 和 CSS3 进行网页布局的方法。

★ 能够综合应用 HTML5 和 CSS3 完成网页制作。

★ 了解 CSS 代码优化的意义和方法。

传统文化网站是一个以国学百家、传统节日、健康文化等传统文化内容为主题的文章阅读网站，其首页效果如图 7-1 所示。由于首页的栏目比较多，初学者制作此网站首页会比较有压力，因此本教材按照网页栏目模块的划分，将首页的制作拆分成 7 个小的任务，从创建文件开始，一步步地完成整个页面的制作。

图 7-1 传统文化网站首页

小贴士

中国传统文化是中华民族历史上道德传承、各种文化思想、精神观念形态的总体，主要以儒、佛、道思想为主干。文字、语言、书法、音乐、武术、曲艺、棋类、节日、民俗等都属于传统文化的范畴。中国传统文化是中华民族在几千年的传承和发展中所形成的思想精华，值得每个中华儿女学习和传承。

任务1 建立站点并完成页面整体布局

任务描述

拿到网页的效果图后，要做的准备工作包括建立本地站点，对页面进行规划分析、初始化设置等。本任务要求分析传统文化网站首页布局、创建本地站点、搭建网页整体布局结构、编写网页通用样式。

任务实现

根据任务描述，可以按以下步骤来完成任务。

1. 创建本地站点

打开 HBuilderX，在 HBuilderX 的菜单栏中单击“文件”→“新建”→“项目”。在弹出的“新建项目”对话框中设置“项目名称”为 TCwebsite，单击“浏览”按钮，设置项目存放的路径。这里选择 D 盘，在“选择模板”中选择“基本 HTML 项目”，如图 7-2 所示，单击“创建”按钮。此时，D 盘中创建了一个本地站点文件夹 TCwebsite，该文件夹中自动创建了 css、img、js 文件夹和 index.html 文件。将素材文件中提供的所有图片复制到 img 文件夹中备用。

图 7-2 创建本地站点

2. 搭建网页整体布局结构

从传统文化网站首页效果图可以看出整个网页分为网页头部、导航栏、网页主体内容和网页底部 4 个部分。网页主体内容又分为 3 行，整体框架如图 7-3 所示。

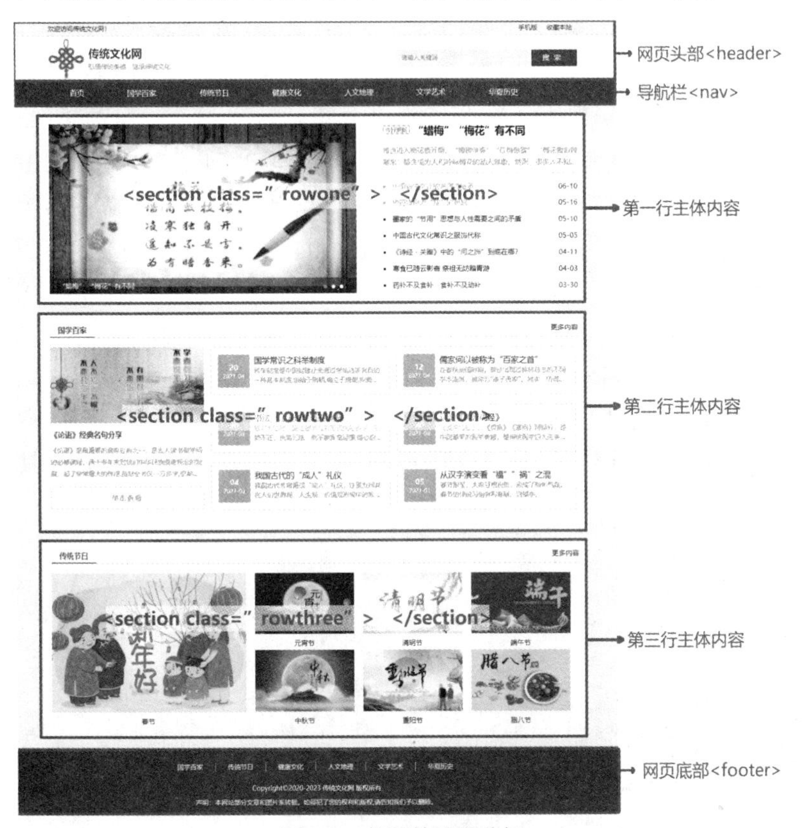

图 7-3 首页效果图分析

打开 index.html 文件，根据以上效果图分析对首页进行整体布局。具体代码如下所示。

```
1  <!DOCTYPE html>
2  <html>
3    <head>
4      <meta charset="utf-8" />
5      <title></title>
6    </head>
7    <body>
8      <!--网页头部 -->
9      <header></header>
10     <!--导航栏 -->
11     <nav></nav>
12     <main>
13     <!--网页主体内容第一行 -->
14       <section class="rowone"></section>
15       <!--网页主体内容第二行 -->
16       <section class="rowtwo"></section>
17       <!--网页主体内容第三行 -->
```

```
18        <section class="rowthree"></section>
19      </main>
20      <!--网页底部  -->
21      <footer></footer>
22    </body>
23  </html>
```

3．编写网页通用样式代码

为了清除浏览器的默认样式，在完成网页布局后，要对网页的CSS样式进行初始化并编写一些通用的样式。仔细观察网页样式效果，可以看出网页背景颜色为淡灰色；大部分字体为“微软雅黑”，大小为14px；大部分列表项目都没有列表项标记；大部分超链接文本的颜色为黑色，无下划线，鼠标指针悬停时文本变为深红色。可以提前定义这些共同的样式，以减少代码冗余。

在HBuilderX左侧项目管理器中的css文件夹上单击鼠标右键，新建CSS文件，并命名为style.css。这个文件将作为公用样式表，存放通用样式及网页头部、导航栏、网页底部等网站公用部分的样式代码。打开style.css文件，编写通用样式。具体代码如下所示。

```
1  * {
2     padding: 0;
3     margin: 0;
4  }
5  body {
6     font-size: 14px;
7     font-family: "微软雅黑";
8     background: #F6F6F6;
9  }
10  ul {list-style: none;}
11  a {
12     text-decoration: none;
13     color: #000000;
14  }
15  a:hover {color: #B40404;}
```

4．将样式文件链接到首页

打开index.html，在<head>标签对内输入如下代码。

```
<link rel="stylesheet" type="text/css" href="css/style.css"/>
```

至此，任务1的工作全部完成。接下来可以根据网页内容按从上往下的顺序实现各个模块的效果。

任务2 制作网页头部和导航栏

扫码观看视频

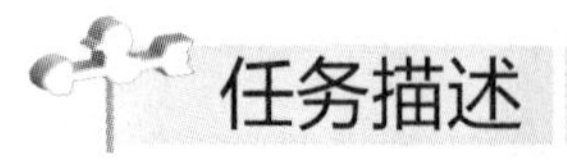

任务描述

本任务要求制作传统文化网站网页头部和导航栏，效果如图7-4所示。

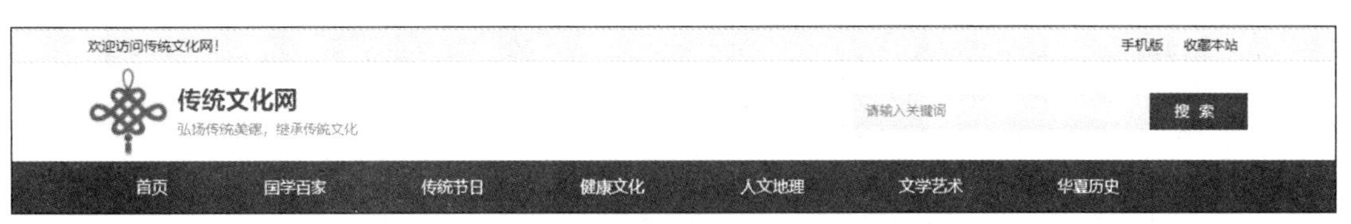

图 7-4 传统文化网站网页头部和导航栏的效果

任务实现

根据任务描述，可以按以下步骤来完成任务。

1. 编写网页头部的 HTML 代码

分析传统文化网站网页的头部效果，可以看出网页的头部分为上、下两行，结构如图 7-5 所示。第一行通栏显示，可使用“<div class="top"> </div>”表示。其内部包含欢迎词和菜单两个模块，分别使用“<div class="welcome"> </div>”和“<div class="topnav"> </div>”表示。两个模块的内容整体居中显示，因此需要在它们外面包裹一个“<div class="box"> </div>”。第二行内容也居中显示，可以使用“<div class="logo-search box"> </div>”表示。其内部包含 Logo 和搜索框两个模块，分别使用“<div class="logo"> </div>”和“<div class="search"> </div>”表示。Logo 模块包含图片、标题和文本，搜索框模块包含一个单行文本框和一个按钮。

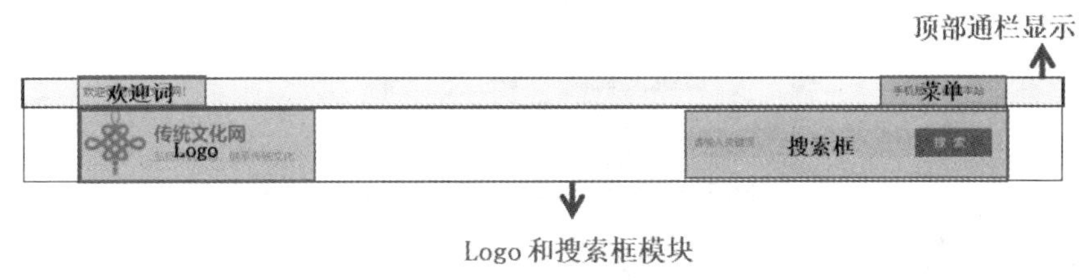

图 7-5 网页头部结构

打开 index.html 文件，找到网页头部标签<header>，根据效果图分析结果编写网页头部的 HTML 结构。具体代码如下所示。

```
1   <!--网页头部 -->
2  <header>
3    <div class="top">
4      <div class="box">
5        <div class="welcome">欢迎访问传统文化网！</div>
6        <div class="topnav">
7          <ul>
8            <li><a href="#">手机版</a></li>
9            <li><a href="#">收藏本站</a></li>
10         </ul>
11       </div>
12     </div>
13   </div>
14   <div class="logo-search box">
15     <div class="logo">
```

```
16        <img src="img/传统文化2.jpg" alt="传统文化网" />
17        <h2>传统文化网</h2>
18        <p>弘扬传统美德，继承传统文化</p>
19      </div>
20      <div class="search">
21        <form action="">
22          <input type="text" placeholder="请输入关键词" class="input_text" />
23          <input type="submit" value="搜索" class="input_submit" />
24        </form>
25      </div>
26    </div>
27  </header>
```

代码在浏览器中的运行效果如图 7-6 所示。

图 7-6　网页头部无样式的效果

2. 编写控制网页头部样式的 CSS 代码

完成了网页头部的 HTML 结构搭建，接下来使用 CSS 样式控制其显示效果。打开 style.css 文件，在通用样式的后面继续添加控制网页头部样式的代码。代码如下所示。

```
1  /* 网页头部样式 */
2  header {background: #FFF;}
3  .top {
4    height: 30px;
5    line-height: 30px;
6    background: #F3F3F3;
7    border-bottom: 1px solid #DFDFDF;
8  }
9  .box {
10   width: 1170px;
11   margin: auto;
12 }
13 .welcome {float: left;}
14 .topnav {float: right;}
15 .topnav li {float: left;}
16 .topnav li a {
```

```
17   display: block;
18   color: #000;
19   padding: 0 10px;
20  }
21  .logo-search {padding: 5px 0;}
22  .logo-search::after {
23    content: "";
24    display: block;
25    clear: both;
26  }
27  .logo {
28    float: left;
29    width: 500px;
30  }
31  .logo img {
32    width: 80px;
33    float: left;
34    margin-right: 10px;
35  }
36  .logo h2 {
37    font-size: 24px;
38    color: #B40404;
39    margin-top: 15px;
40  }
41  .logo p {
42    margin-top: 4px;
43    color: #818181;
44  }
45  .search {
46    float: right;
47    margin-top: 26px;
48  }
49  .search input.input_text {
50    border: 0;
51    line-height: 36px;
52    height: 36px;
53    width: 300px;
54    background: #F3F3F3;
55    float: left;
56    text-indent: 1em;
57  }
58  .search input.input_submit {
59    border: 0;
60    background-color: #B40404;
61    color: #FFF;
62    line-height: 36px;
63    font-size: 15px;
```

```
64    width: 100px;
65    cursor: pointer;
66    letter-spacing: 10px;
67  }
```

上面的CSS代码中，第2行代码设置了网页头部的背景颜色为白色；第3～20行代码用于控制第一行top部分的效果，设置了背景颜色为淡灰色，有底部边框，设置了box类样式为固定宽度且居中显示，设置了欢迎词向左浮动，菜单向右浮动，菜单中的列表项向左浮动使其横向排列；第21行代码用于控制第二行logo-search部分的内边距；第22～26行代码用于为第二行清除浮动影响；第27～44行代码用于控制logo部分的效果，设置了该区块向左浮动，设置了图片向左浮动，使标题和段落文本显示在其右侧；第45～67行代码用于控制搜索框部分的效果，设置了该区块向右浮动，搜索框中的单行文本框和按钮都分别设置了高度、宽度、无边框、背景颜色等，其中第55行代码通过设置文本框向左浮动，使按钮和文本框挨在一起。完成样式代码编写后，在浏览器中运行网页。效果如图7-7所示。

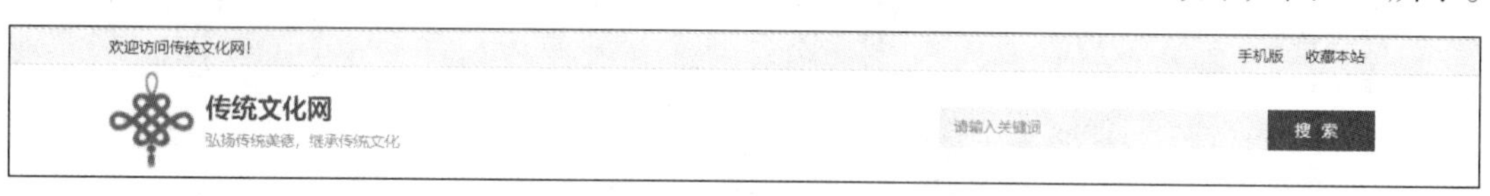

图7-7　网页头部添加样式后的效果

3. 编写导航栏的HTML代码

观察网页效果图，发现导航栏结构清晰，可以通过无序列表来实现。切换到index.html文件，找到<nav>标签对，在其中添加导航栏的HTML代码。代码如下所示。

```
1  <!--导航栏 -->
2  <nav>
3    <ul>
4      <li><a href="index.html">首页</a></li>
5      <li><a href="#">国学百家</a></li>
6      <li><a href="#">传统节日</a></li>
7      <li><a href="#">健康文化</a></li>
8      <li><a href="#">人文地理</a></li>
9      <li><a href="#">文学艺术</a></li>
10     <li><a href="#">华夏历史</a></li>
11   </ul>
12 </nav>
```

4. 编写控制导航栏样式的CSS代码

切换到style.css文件，在其中添加导航栏的样式代码。代码如下所示。

```
1  /*导航栏的样式 */
2  nav {
3    width: 100%;
4    height: 50px;
5    background: #B40404;
6    margin-bottom: 20px;
7  }
```

```
 8 nav ul {
 9   width: 1170px;
10   margin: 0 auto;
11 }
12 nav li {float: left;}
13 nav li a {
14   display: block;
15   line-height: 50px;
16   color: #FFF;
17   font-size: 16px;
18   font-weight: 500;
19   padding: 0 48px;
20 }
21 nav li a:hover {
22   background-color: #FF6600;
23 }
```

上面的 CSS 代码中，第 2～7 行代码设置了导航栏通栏显示且背景颜色为红色等效果。第 8～11 行代码设置了无序列表的固定宽度和显示方式为居中显示。第 12～20 行代码设置了每个列表项的显示效果，其中第 12 行代码设置每个列表项向左浮动，使菜单横向显示；第 14 行代码设置了“display：block”，将<a>标签转换成块级元素，使超链接具有父元素的 100%高度和宽度。第 21～23 行代码设置了:hover 伪类样式，控制鼠标指针悬停在超链接上时有背景颜色变化的效果。完成样式代码编写后，在浏览器中运行网页。效果如图 7-4 所示。至此，网页头部和导航栏全部制作完成。

扫码观看视频

任务3 制作 banner 和最近更新栏目

任务描述

本任务要求制作传统文化网站的 banner 和最近更新栏目，效果如图 7-8 所示。

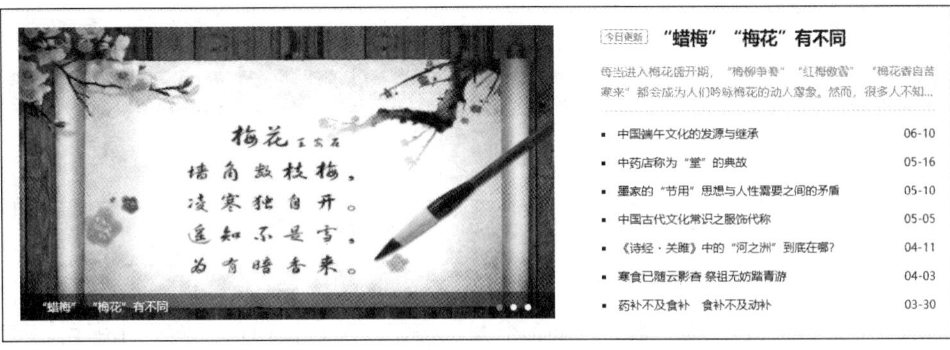

图 7-8 传统文化网站的 banner 和最近更新栏目的效果

任务实现

根据任务描述，可以按以下步骤来完成任务。

1. 结构分析与准备工作

传统文化网站的 banner 和最近更新栏目是网页主体内容的第一行。观察任务效果图，可以看出这一行内容分为左、右两部分，左边是 banner，右边是最近更新栏目。切换到 index.html 文件进行编辑，在“<section class="rowone"> </section>”内部划分出<div class="banner"> </div>和<div class="news"> </div>两个 div 区域。由于整行内容宽度固定并且居中显示，因此需要给最外层的 section 元素添加 box 类样式（任务 2 中已经定义 box 类样式为固定宽度并且居中显示）。代码如下所示。

```
1 <!—网页主体内容第一行  -->
2 <section class="rowone box">
3   <div class="banner"></div>
4   <div class="news"></div>
5 </section>
```

结构划分好后，在 HBuilderX 左侧项目管理器中的 css 文件夹上单击鼠标右键，新建 CSS 文件，命名为 index.css。这个文件用来专门存放首页主体内容的样式。打开 index.html 文件，在<head>标签对中添加如下代码，链接新创建的样式文件。

```
<link rel="stylesheet" type="text/css" href="css/index.css"/>
```

打开 index.css 文件，在其中添加主体内容第一行的样式代码。代码如下所示。

```
1 /* rowone 部分的样式 */
2 .rowone {
3    background-color: #FFFFFF;
4    border: 1px solid #EEE;
5    padding: 20px;
6    margin-bottom: 20px;
7 }
```

上面的 CSS 代码设置了第一行内容的背景颜色、边框等样式。保存样式文件和网页文件，在浏览器中运行网页，效果如图 7-9 所示。导航栏下面出现了一个宽度固定并且居中显示的白色背景区块。

图 7-9　添加第一行结构样式后的网页效果

2. 编写 banner 的 HTML 代码

banner 中有一张图片、一段文字和 3 个圆点按钮。圆点按钮可以使用无序列表表示，其中第一个圆点按钮的颜色和其他按钮不同，所以应为其单独设置样式，以示区别。切换到 index.html 文件进行编辑，在“<div class="banner"> </div>”内部添加 banner 的 HTML 代码。代码如下所示。

```
1 <div class="banner">
2   <img src="img/banner.jpg" />
```

```
3   <div>"蜡梅""梅花"有不同</div>
4   <ul class="bt">
5     <li class="current"></li>
6     <li></li>
7     <li></li>
8   </ul>
9 </div>
```

3. 编写控制 banner 样式的 CSS 代码

切换到 index.css 文件，在其中添加 banner 的样式代码。代码如下所示。

```
1  .rowone::after {
2    content: "";
3    display: block;
4    clear: both;
5  }
6  .banner {
7    width: 680px;
8    position: relative;
9    float: left;
10 }
11 .banner img {
12   width: 680px;
13   height: 360px;
14   display: block;
15 }
16 .banner div {
17   width: 660px;
18   height: 33px;
19   line-height: 33px;
20   background-color: rgba(0, 0, 0, 0.5);
21   color: #FFF;
22   position: absolute;
23   bottom: 0;
24   padding-left: 20px;
25 }
26 .bt {
27   position: absolute;
28   bottom: 10px;
29   right: 30px;
30 }
31 .bt li {
32   width: 8px;
33   height: 8px;
34   background-color: #FFFFFF;
35   border-radius: 50%;
36   float: left;
37   margin-left: 10px;
```

```
38 }
39 li.current {background-color: #FF6600;}
```

上面的 CSS 代码中，第 1 ~ 5 行代码设置了父元素 rowone 使用::after 清除浮动；第 9 行代码设置了 banner 向左浮动；第 11 ~ 15 行代码为图片设置了合适的高度和宽度，并且将图片转换为块级元素用于清除图片下多余的间隙；第 16 ~ 25 行代码用于控制图片上文本的显示效果，设置了宽度、高度、半透明背景颜色、绝对定位等属性；因为文本绝对定位的参照物是 banner，所以第 8 行代码为 banner 设置了相对定位；第 26 ~ 39 行代码用于控制图片上 3 个圆点按钮的效果，其中第 35 行代码设置了“border-radius: 50%;”，用于使按钮变成圆形。

代码在浏览器中的运行效果如图 7-10 所示。

图 7-10　banner 完成后的网页效果

4．编写最近更新栏目的 HTML 代码

最近更新栏目分为上、下两部分，上半部分包括“今日更新”文本、文章标题和文章段落文本，其中“今日更新”可以使用<span>标签表示；下部分是文章标题的陈列，可以使用无序列表表示。切换到 index.html 文件进行编辑，在“<div class="news"> </div>”内部添加最近更新栏目的 HTML 代码。代码如下所示。

```
1  <div class="news">
2    <h2><span>今日更新</span><a href="#">"蜡梅" "梅花"有不同</a></h2>
3    <p>每当进入梅花盛开期，"梅柳争春""红梅傲雪" "梅花香自苦寒来"都会成为人们吟咏梅花的动人意象。然
而，很多人不知道的是，在植物学分类上，蜡梅与梅花并非同一植物。</p>
4    <ul>
5      <li><a href="#">中国端午文化的发源与继承</a><span>06-10</span></li>
6      <li><a href="#">中药店称为"堂"的典故<span>05-16</span></a></li>
7      <li><a href="#">墨家的"节用"思想与人性需要之间的矛盾<span>05-10</span></a></li>
8      <li><a href="#">中国古代文化常识之服饰代称<span>05-05</span></a></li>
9      <li><a href="#">《诗经· 关雎》中的"河之洲"到底在哪? <span>04-11</span></a></li>
10     <li><a href="#">寒食已随云影杳　祭祖无妨踏青游<span>04-03</span></a></li>
11     <li><a href="#">药补不及食补　食补不及动补<span>03-30</span></a></li>
12   </ul>
13 </div>
```

5．编写控制最近更新栏目样式的 CSS 代码

切换到 index.css 文件，在其中添加最近更新栏目的样式代码。代码如下所示。

```
1  .news {
2    width: 430px;
3    float: right;
4  }
5  .news h2 {margin-bottom: 15px;}
6  .news h2 span {
7    float: left;
8    font-size: 12px;
9    border: #FF6600 1px solid;
10   padding: 0 5px;
11   border-radius: 3px;
12   color: #FF6600;
13   margin: 5px 8px 0 0;
14 }
15 .news p {
16   line-height: 25px;
17   height: 50px;
18   text-align: justify;
19   margin-bottom: 10px;
20   color: #888;
21   display: -webkit-box;               /* 将对象作为伸缩盒子模型显示 */
22   -webkit-box-orient: vertical;       /* 设置伸缩盒子对象子元素的排列方式 */
23   -webkit-line-clamp: 2;              /* 显示的行数 */
24   overflow: hidden;                   /* 隐藏超出的内容 */
25 }
26 .news ul {
27   border-top: #DDD 1px solid;
28   padding-top: 10px;
29 }
30 .news ul li {
31   font-size: 15px;
32   line-height: 35px;
33   list-style: square inside;
34 }
35 .news ul li span {float: right;}
```

上面的 CSS 代码中，第 1 ~ 4 行代码设置了最近更新栏目向右浮动和栏目的宽度；第 5 行代码设置了标题的样式；第 6 ~ 14 行代码设置了标题中“今日更新”的显示效果；第 15 ~ 25 行代码设置了标题下面段落文本的显示效果，其中第 21 ~ 24 行代码设置只显示两行文字，多余文字用省略号表示；第 26 ~ 35 行代码设置了无序列表文章标题的陈列效果，其中第 35 行代码设置了日期向右浮动。至此，任务 3 全部完成，banner 和最近更新栏目的效果如图 7-8 所示。

任务4 制作国学百家栏目

任务描述

本任务要求制作传统文化网站的国学百家栏目，效果如图 7-11 所示。

图 7-11　传统文化网站国学百家栏目的效果

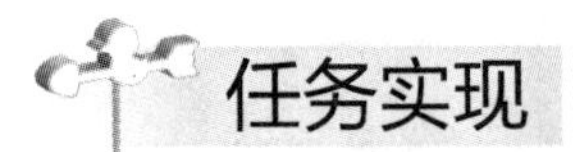

任务实现

根据任务描述，可以按以下步骤来完成任务。

1．结构分析与准备工作

传统文化网站的国学百家栏目是网页主体内容的第二行，实现时可将其分为标题栏、左边内容和右边内容 3 个部分，如图 7-12 所示。

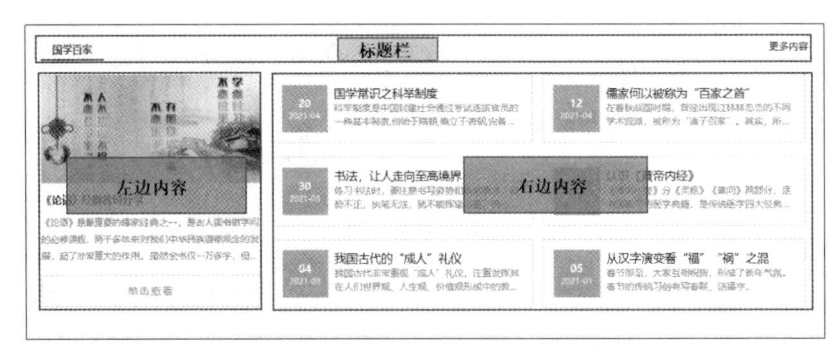

图 7-12　国学百家栏目的结构

切换到 index.html 文件进行编辑，找到主体内容的第二行，在“<section class="rowtwo"></section>”内部划分出“<div class="tit"> </div>”“<div class="rowtwoL"> </div>”“<div class="rowtwoR"> </div>”3 个 div 区域。由于整个内容宽度固定并且居中显示，所以需要给最外层的 section 元素添加 box 类样式。代码如下所示。

```
1  <!--网页主体内容第二行  -->
2  <section class="rowtwo box">
3    <div class="tit"></div>
4    <div class="rowtwoL"></div>
5    <div class="rowtwoR"></div>
6  </section>
```

2．编写国学百家栏目标题栏的 HTML 代码

国学百家栏目标题栏中包含标题文本和“更多内容”超链接。在 index.html 文件中找到“<div class="tit"> </div>”，在其内部添加标题栏代码。完成后的代码如下所示。

```
1  <div class="tit">
2    <h2>国学百家</h2>
```

```
3   <a href="#">更多内容</a>
4 </div>
```

3. 编写控制国学百家栏目标题栏样式的 CSS 代码

切换到 index.css 文件，在其中添加国学百家栏目标题栏的样式代码。代码如下所示。

```
1  /* rowtwo 部分的样式 */
2  .rowtwo {
3    background-color: #FFFFFF;
4    border: 1px solid #EEE;
5    padding: 20px;
6    margin-bottom: 20px;
7  }
8  .rowtwo::after {
9    content: "";
10   display: block;
11   clear: both;
12 }
13 .tit {
14   height: 30px;
15   border-bottom: #DDDDDD solid 1px;
16   color: #B40404;
17   margin-bottom: 20px;
18 }
19 .tit h2 {
20   width: 100px;
21   line-height: 30px;
22   float: left;
23   text-align: center;
24   color: #B40404;
25   font-size: 16px;
26   font-weight: 600;
27   border-bottom: #B40404 solid 2px;
28 }
29 .tit a {  float: right;}
```

上面的 CSS 代码中，第 2 ~ 7 行代码设置了《国学百家》栏目，即网页主体内容第二行的背景颜色、边框等样式；第 8 ~ 12 行代码清除了元素浮动的影响；第 13 ~ 18 行代码设置了标题栏的高度、边框、文字颜色等样式；第 19 ~ 28 行代码设置了标题的样式；第 29 行代码设置了“更多内容”超链接向右浮动。

代码在浏览器中的运行效果如图 7-13 所示。

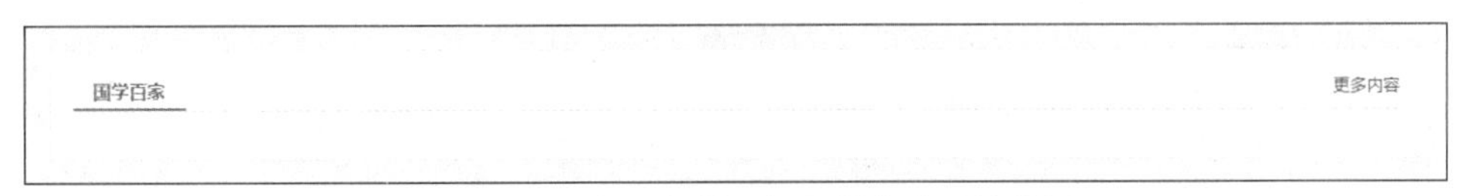

图 7-13　国学百家栏目标题栏完成后的效果

4. 编写国学百家栏目左边内容的 HTML 代码

国学百家栏目左边内容包括一张图片、一个文章标题、文章的一段文本和一个“单击查看”超链接。切换到 index.html 文件进行编辑，在“<div class="rowtwoL"> </div>”内部添加左边内容的HTML代码。代码如下所示。

```
1 <div class="rowtwoL">
2   <img src="img/zaoan4.jpg" />
3   <h3>《论语》经典名句分享</h3>
4   <p>《论语》是最重要的儒家经典之一，是古人读书做学问的必修课程，两千多年来对我们中华民族道德观念的发展，起了非常重大的作用。全书虽然仅有一万多字，但却涉及了生活、社会的方方面面，内容非常丰富，光出自其中的成语就有一百多个。</p>
5   <a href="#">单击查看</a>
6 </div>
```

5. 编写控制国学百家栏目左边内容样式的 CSS 代码

切换到 index.css 文件，在其中添加国学百家栏目左边内容的样式代码。代码如下所示。

```
1  .rowtwoL {
2    width: 340px;
3    float: left;
4  }
5  .rowtwoL img {
6    width: 340px;
7    height: 160px;
8  }
9  .rowtwoL h3 {
10   color: #B40404;
11   font-size: 16px;
12   margin: 10px 0;
13 }
14 .rowtwoL p {
15   font-size: 14px;
16   color: #888;
17   line-height: 25px;
18   display: -webkit-box;                /* 将对象作为伸缩盒子模型显示 */
19   -webkit-box-orient: vertical;        /* 设置伸缩盒子对象子元素的排列方式 */
20   -webkit-line-clamp:3;                /* 显示的行数 */
21   overflow: hidden;                    /* 隐藏超出的内容 */
22 }
23 .rowtwoL a {
24   display: block;
25   margin: 16px auto;
26   border: 1px solid #DDD;
27   color: #999;
28   letter-spacing: 2px;
29   border-radius: 2px;
30   line-height: 45px;
31   text-align: center;
32 }
33 .rowtwoL a:hover {
34   background-color: #B40404;
35   color: #FFFFFF;
36 }
```

上面的CSS代码中，第1～4行代码设置了左边内容向左浮动及其宽度；第5～8行代码设置了图片的尺寸；第9～13行代码设置了文章标题的显示效果；第14～22行代码设置了标题下面段落文本的显示效果，其中第18～21行代码设置只显示3行文字，多余文字用省略号表示；第23～32行代码设置了“单击查看”超链接的显示效果；第33～36行代码设置了鼠标指针悬停在超链接上时超链接的变化效果。保存代码，在浏览器中运行网页，国学百家栏目左边内容的效果如图7-14所示。

图7-14 国学百家栏目左边内容完成后的效果

6. 编写国学百家栏目右边内容的HTML代码

国学百家栏目右边内容是一个文章链接列表，可以使用无序列表表示，各列表项中包含带超链接的文章的日期、标题和一小段文本。为了方便控制日期的样式，可以将日期放在<span>标签中。切换到index.html文件进行编辑，在“<div class="rowtwoR"> </div>”内部添加右边内容的HTML代码。代码如下所示。

```
1  <div class="rowtwoR">
2    <ul>
3      <li>
4        <a href="#"><span><b>20</b>2021-04</span>
5          <h3>国学常识之科举制度</h3>
6          <p>科举制度是中国封建社会通过考试选拔官员的一种基本制度，始创于隋朝，确立于唐朝，完备于宋朝，兴盛于明、清两朝，废除于清朝末年。</p>
7        </a>
8      </li>
9      <li>
10       <a href="#"><span><b>12</b>2021-04</span>
11         <h3>儒家何以被称为“百家之首”</h3>
12         <p>在春秋战国时期，曾经出现过林林总总的不同学术流派，它们被称为“诸子百家”。其实，所谓“百家”只是一个概数，用来形容数目之多。</p>
13       </a>
14     </li>
15     <li>
16       <a href="#"><span><b>30</b>2021-03</span>
17         <h3>书法，让人走向至高境界</h3>
18         <p>练习书法时，要注意书写姿势和执笔要求。姿势不正，执笔无法，就不能挥毫运墨，得心应手。</p>
19       </a>
```

```
20     </li>
21     <li>
22       <a href="#"><span><b>20</b>2021-03</span>
23         <h3>认识《黄帝内经》</h3>
24         <p>《黄帝内经》分《灵枢》《素问》两部分，是中国最早的医学典籍，是传统医学四大经典著作之一（其余三者为《难经》《伤寒杂病论》《神农本草经》）。</p>
25       </a>
26     </li>
27     <li>
28       <a href="#"><span><b>04</b>2021-03</span>
29         <h3>我国古代的“成人”礼仪</h3>
30         <p>我国古代非常重视“成人”礼仪，注重发挥其在人们世界观、人生观、价值观形成中的教化功能。</p>
31       </a>
32     </li>
33     <li>
34       <a href="#"><span><b>05</b>2021-01</span>
35         <h3>从汉字演变看“福”“祸”之混</h3>
36         <p>春节即至，大家互相祝贺，形成了新年气氛。春节的传统习俗有写春联、送福字。
37         </p>
38       </a>
39     </li>
40   </ul>
41 </div>
```

7. 编写控制国学百家栏目右边内容样式的 CSS 代码

切换到 index.css 文件，在其中添加国学百家栏目右边内容的样式代码。代码如下所示。

```
1  .rowtwoR {
2    width: 830px;
3    float: left;
4  }
5  .rowtwoR ul li {
6    width: 365px;
7    float: left;
8    margin-bottom: 20px;
9    border: #DDD 1px solid;
10   padding: 15px;
11   margin-left: 15px;
12 }
13 .rowtwoR ul li span {
14   width: 70px;
15   height: 70px;
16   font-size: 12px;
17   text-align: center;
18   background: #ABABAB;
19   color: #FFF;
20   float: left;
```

```
21    margin-right: 10px;
22  }
23  .rowtwoR ul li span b {
24    display: block;
25    font-size: 16px;
26    margin-top: 16px;
27  }
28  .rowtwoR ul li h3 {  font-weight: normal;}
29  .rowtwoR ul li p {
30    font-size: 14px;
31    color: #888;
32    line-height: 20px;
33    overflow: hidden;        /* 多行文字溢出处理 */
34    -webkit-box-orient: vertical;
35    display: -webkit-box;
36    -webkit-line-clamp: 2;
37  }
38  .rowtwoR ul li a:hover span {
39    background-color: #B40404;
40    color: #FFFFFF;
41  }
42  .rowtwoR ul li a:hover h3 {  color: #B40404;}
```

上面的 CSS 代码中，第 1 ~ 4 行代码设置了右边内容向左浮动及其宽度；第 5 ~ 12 行代码设置了每个列表项的样式；第 13 ~ 27 行代码设置了文章标题前面日期的样式；第 28 行代码设置了文章标题的样式；第 29 ~ 37 行代码设置了文章中一段文本的样式，只显示两行文字，多余文字用省略号表示；第 38 ~ 42 行代码设置了鼠标指针悬停在文章超链接上时，日期和标题的样式变化效果。至此，任务 4 全部完成。保存代码，在浏览器中运行网页，能看到如图 7-11 所示的国学百家栏目效果。

任务5 制作传统节日栏目

任务描述

本任务要求制作传统文化网站的传统节日栏目，效果如图 7-15 所示。

图 7-15　传统文化网站传统节日栏目的效果

任务实现

扫码观看视频

根据任务描述，可以按以下步骤来完成任务。

1. 结构分析与准备工作

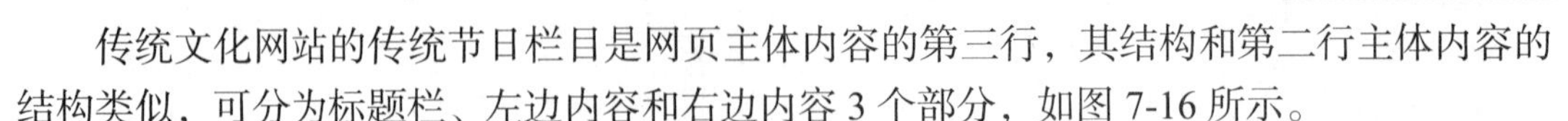

传统文化网站的传统节日栏目是网页主体内容的第三行，其结构和第二行主体内容的结构类似，可分为标题栏、左边内容和右边内容 3 个部分，如图 7-16 所示。

图 7-16　传统节日栏目的结构

切换到 index.html 文件进行编辑，找到主体内容的第三行，在“<section class="rowthree"></section>”内部划分出“<div class="tit"> </div>”“<div class="rowthreeL"> </div>”“<div class="rowthreeR"> </div>”3 个 div 区域。由于整个内容宽度固定并且居中显示，所以需要给最外层的 section 元素添加 box 类样式。代码如下所示。

```
1  <!--主体部分第三行开始 -->
2  <section class="rowthree box">
3    <div class="tit"> </div>
4    <div class="rowthreeL"> </div>
5    <div class="rowthreeR"> </div>
6  </section>
```

2. 编写传统节日栏目标题栏的 HTML 代码

标题栏中包含标题文本和“更多内容”超链接。在 index.html 文件中找到“<div class="tit"> </div>”，在其内部添加标题栏代码。完成后的代码如下所示。

```
1  <div class="tit">
2    <h2>传统节日</h2>
3    <a href="#">更多内容</a>
4  </div>
```

3. 编写控制传统节日栏目背景颜色和边框等样式的 CSS 代码

传统节日栏目标题栏的样式与国学百家栏目标题栏完全相同，tit 类样式在任务 3 中已经定义。但是需要对传统节日栏目进行设置，即设置网页主体内容第三行的背景颜色、边框等样式。切换到 index.css 文件，在其中添加相应的样式代码。代码如下所示。

```
1  /* rowthree 部分的样式 */
2  .rowthree {
```

```
3   background-color: #FFFFFF;
4   border: 1px solid #EEE;
5   padding: 20px;
6   margin-bottom: 20px;
7 }
```

保存文件，在浏览器中运行网页，传统节日栏目标题栏的效果如图 7-17 所示。

传统节日	更多内容

图 7-17　传统节日栏目标题栏完成后的效果

4．编写传统节日栏目左边内容的 HTML 代码

传统节日栏目左边内容是一张带有超链接的图片和说明文本。切换到 index.html 文件进行编辑，在“<div class="rowthreeL"> </div>”内部添加左边内容的 HTML 代码。代码如下所示。

```
1 <div class="rowthreeL">
2   <a href="#"><img src="img/春节.jpg" /><span>春节</span></a>
3 </div>
```

5．编写控制传统节日栏目左边内容样式的 CSS 代码

切换到 index.css 文件，在其中添加传统节日栏目左边内容的样式代码。代码如下所示。

```
1  .rowthree::after {
2    content: "";
3    display: block;
4    clear: both;
5  }
6  .rowthreeL {
7    width: 430px;
8    float: left;
9  }
10 .rowthreeL img {
11   width: 430px;
12   height: 295px;
13 }
14 .rowthreeL span {
15   display: block;
16   width: 430px;
17   line-height: 30px;
18   text-align: center;
19 }
```

上面的 CSS 代码中，第 1 ~ 5 行代码设置了 rowthree 使用::after 清除后面元素浮动的影响；第 6 ~ 9 行代码设置了左边内容向左浮动及其宽度；第 10 ~ 13 行代码设置了图片的尺寸；第 14 ~ 19 行代码设置了图片下面说明文本的效果。

保存文件，在浏览器中运行网页，传统节日栏目左边内容的效果如图 7-18 所示。

图 7-18　传统节日栏目左边内容完成后的效果

6. 编写传统节日栏目右边内容的 HTML 代码

传统节日栏目右边内容是带有超链接的图片列表，可以使用无序列表表示，每个列表项包含超链接、图片和图片说明。切换到 index.html 文件进行编辑，在“<div class="rowthreeR"> </div>”内部添加右边内容的 HTML 代码。代码如下所示。

```
1  <div class="rowthreeR">
2    <ul>
3      <li><a href="#"><img src="img/元宵节.jpg" /><span>元宵节</span></a></li>
4      <li><a href="#"><img src="img/清明节.jpg" /><span>清明节</span></a></li>
5      <li><a href="#"><img src="img/端午.jpg" /><span>端午节</span></a></li>
6      <li><a href="#"><img src="img/中秋.jpg" /><span>中秋节</span></a></li>
7      <li><a href="#"><img src="img/重阳节.jpg" /><span>重阳节</span></a></li>
8      <li><a href="#"><img src="img/腊八节.jpg" /><span>腊八节</span></a></li>
9    </ul>
10 </div>
```

7. 编写控制传统节日栏目右边内容样式的 CSS 代码

切换到 index.css 文件，在其中添加传统节日栏目右边内容的样式代码。代码如下所示。

```
1  .rowthreeR {
2    width: 740px;
3    float: left;
4  }
5  .rowthreeR li {
6    width: 220px;
7    float: left;
8    margin-left: 20px;
9  }
10 .rowthreeR li img {
11   width: 220px;
12   height: 130px;
13 }
14 .rowthreeR li span {
15   display: block;
16   width: 220px;
17   line-height: 30px;
18   text-align: center;
19 }
```

上面的 CSS 代码中，第 1 ~ 4 行代码设置了右边内容向左浮动及其宽度；第 5 ~ 9 行代码设置了每个列表项的样式；第 10 ~ 13 行代码设置了列表中图片的尺寸；第 14 ~ 19 行代码设置了图片下面说明文本的效果。至此，任务 5 全部完成。保存代码，在浏览器中运行网页，可看到如图 7-15 所示的传统节日栏目效果。

任务6 制作网页底部

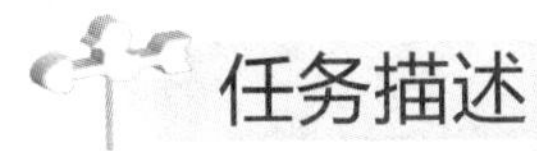

任务描述

本任务要求制作传统文化网站的底部区域，效果如图 7-19 所示。

图 7-19　传统文化网站底部区域的效果

任务实现

根据任务描述，可以按以下步骤来完成任务。

1. 编写传统文化网站底部区域的 HTML 代码

分析传统文化网站的底部效果，可以看出网页底部通栏显示，内容分为上、下两个部分，结构如图 7-20 所示。上面部分是链接列表，可使用无序列表表示。下面部分是版权声明，可以使用“<div class="copyright"> </div>”划分区域，内部包含两段文本。

图 7-20　传统文化网站的底部区域的结构

打开 index.html 文件，找到网页底部标签<footer>，根据效果图分析结果编写网页底部的 HTML 结构。具体代码如下所示。

```
1  <!--网页底部 -->
2  <footer>
3    <ul>
4      <li><a href="#">国学百家</a></li>
5      <li><a href="#">传统节日</a></li>
6      <li><a href="#">健康文化</a></li>
7      <li><a href="#">人文地理</a></li>
8      <li><a href="#">文学艺术</a></li>
9      <li><a href="#">华夏历史</a></li>
10   </ul>
11   <div class="copyright">
12     <p>Copyright&copy;2020—2023 传统文化网 版权所有</p>
13     <p>声明：本网站部分文章和图片系转载。如侵犯了您的权利和版权，请告知我们予以删除。</p>
14   </div>
15 </footer>
```

2. 编写控制传统文化网站底部样式的 CSS 代码

网页底部属于网站中公用的结构，其样式代码应写到公用样式表中。切换到 style.css 文件，在其中添加相应样式代码。代码如下所示。

```
1  /*网页底部的样式 */
2  footer {
3   padding-top: 30px;
4   margin-top: 20px;
5   background-color: #333;
6   border-top: solid 5px #FF6600;
7  }
8  footer ul {
9   width: 670px;
10  height: 40px;
11  margin: auto;
12 }
13 footer ul li {
14  width: 110px;
15  float: left;
16  text-align: center;
17  border-right: 1px solid #D8D8D8;
18 }
19 footer li:last-child {  border-right: none;}
20 footer ul li a {  color: #FFF;}
21 .copyright {
22  text-align: center;
23  line-height: 30px;
24  color: #FFF;
25  padding-bottom: 30px;
26 }
```

上面的 CSS 代码中，第 2 ~ 7 行代码设置了整个底部区域的样式，包括边距、背景颜色、上边框颜色等；第 8 ~ 12 行代码设置了整个列表区域的尺寸并将列表设置为居中显示；第 13 ~ 18 行代码设置了每个列表项向左浮动、文本居中对齐、右边框的效果，以及列表项的宽度；第 19 行代码设置了最后一个列表项无右边框；第 20 行代码设置了超链接文本的颜色；第 21 ~ 26 行代码设置了版权声明部分的样式。至此，传统文化网站首页全部制作完成，代码在浏览器中的运行效果如图 7-1 所示。

任务7 对首页的 CSS 代码进行优化

任务描述

在传统文化网站首页的制作过程中，项目中的 CSS 代码会越来越多，这些代码中可能存在一些重复的或者不够简洁的部分。本任务要求分析对比 CSS 样式，找出样式定义相似的或者不够简洁的 CSS 代码进行优化，提高代码的可维护性和运行效率。

前导知识

7.1 优化 CSS 代码的意义

（1）减少占用的网页字节。在同等条件下缩短浏览器下载 CSS 代码的时间，相当于加快网页打开速度。

（2）便于维护。简化和标准化 CSS 代码可以让 CSS 代码减少，便于日后维护。

（3）让自己写的 CSS 代码更加专业。

7.2 优化 CSS 代码的基本方法

1. 缩写 CSS 代码

在 CSS 代码中，margin、padding、font、border 等属性均可以用一行来代替很多行进行设置。

```
1 padding-top: 10px;
2 padding-bottom: 10px;
3 padding-left: 0;
4 padding-right: 0;
```

上面的代码可以简写如下。

```
padding: 10px 0 10px 0;
```

2. 同时设定多个元素的属性

当有多个元素属性相同时，可以同时设定多个元素属性。例如下面的代码中，h1、h2、h3 元素的内外边距相同。

```
1  h1 {
2    margin: 0;
3    padding: 0;
4  }
5  h2 {
6    margin: 0;
7    padding: 0;
8  }
9  h3 {
10   margin: 0;
11   padding: 0;
12 }
```

上面的代码可以简写如下。

```
1 h1,h2,h3 {
2   margin: 0;
3   padding: 0;
4 }
```

3. 同属性提取，共用 CSS 选择器

尽可能多地重用 CSS 代码，尽可能少地增加新代码，这是 CSS 代码优化中非常重要的一点。如果有两个及以上区块的 CSS 属性（如宽度、高度、字体、颜色）都相似，仅有很小的差异，这时就需要提取共同的 CSS 属性，然后将其重用，使整体代码更加清晰。例如以下代码。

```
1  .style1 {font-size: 12px;border: 1px solid #000000;padding: 5px; width: 25px;}
2  .style2 {font-size: 12px;border: 1px solid #000000;padding: 5px; width: 50px;}
```

这里的 style1 与 style2 两个选择器定义的字体大小、边框、内边距都相同，只有宽度有差异，这时就可以提取相同的样式属性，重新建一个 CSS 选择器。CSS 代码修改如下所示。

```
1  .common {font-size: 12px;border: 1px solid #000000;padding: 5px;}
2  .style1 {width:25px;}
3  .style2 {width:50px;}
```

上面的代码提取了公用的样式部分，重新定义了 common 类。在页面上调用 CSS 类样式时，代码如下所示。

```
1  <div class="common style1">第一个区块</div>
2  <div class="common style2">第二个区块</div>
```

这里的两个 div 元素都引用了相同的 common 类样式，使字体大小、边框、内边距都相同，然后分别引用 style1 和 style2。这样代码就变得更简洁，维护起来也更方便。这个例子非常简单，实际项目中可能有更复杂的情况，要尽可能提取重复的内容。

4. 删除空白和换行

删除空白和换行是正式发布网站前的操作。对于脱离了开发阶段，要应用在网络上的 CSS 代码而言，删除空白和换行可以减少 CSS 代码占用的网页字节。例如以下包含空格和换行的代码。

```
1  * {
2          padding: 0;
3          margin: 0;
4  }
5  body {
6          font-size: 14px;
7          color: red;
8          background: #F6F6F6;
9  }
```

这样的代码可以利用编辑工具合并代码的功能合并为一行，效果如下所示。

```
* {padding: 0;margin: 0; }body { font-size: 14px; color: red; background: #F6F6F6;}
```

这样将减少空格和回车位及 CSS 代码行数，从而减少文件字节。

如果需要修改 CSS 代码，可以使用相关工具实现代码的格式化，让代码重新变得有条理。

任务实现

根据任务描述和优化 CSS 代码的基本方法，分析出传统文化网站首页 CSS 代码的问题

主要包括两点：部分代码不够简洁；存在一些重复的样式定义。下面对这两点问题分别进行优化。

1. 缩写 CSS 代码

网站的样式代码基本符合缩写代码的要求，在 style.css 文件中，body 选择器定义的字体、字号样式可以缩写。原代码如下所示。

```
1 body {
2   font-size: 14px;
3   font-family: "微软雅黑";
4   background: #F6F6F6;
5 }
```

修改后的代码如下所示。

```
1 body {
2   font: 14px "微软雅黑";
3   background: #F6F6F6;
4 }
```

这里将 font-size 和 font-family 两个属性使用 font 简写属性缩写为一行代码。

2. 找出类似样式，提取共用样式属性，共用 CSS 选择器

观察传统文化网站首页的样式表 style.css 和 index.css，不难看出，其中有多处类似的样式。

（1）多处使用了伪元素选择器::after 清除浮动，其中 style.css 文件的代码段如图 7-21（a）所示，index.css 文件的代码段如图 7-21（b）、图 7-21（c）和图 7-21（d）所示。

```
.logo-search::after  {
    content: "";
    display: block;
    clear: both;
}
```

（a）

```
.rowone::after {
    content: "";
    display: block;
    clear: both;
}
```

（b）

```
.rowtwo :: after {
    content: "";
    display: block;
    clear: both;
}
```

（c）

```
.rowthree ::after {
    content: "";
    display: block;
    clear: both;
}
```

（d）

图 7-21　使用了伪元素选择器::after 清除浮动的代码段

该问题可以使用以下方案解决。

删除 style.css 和 index.css 文件中的所有用伪元素选择器::after 清除浮动的代码，在 style.css 文件中重新定义清除浮动的类样式。代码如下所示。

```
.clearfloat::after {display: block; content: ""; clear: both;}
```

在 index.html 文件中找到如下原代码。

```
1 <div class="logo-search box">
2 <section class="rowone box">
```

```
3 <section class="rowtwo box">
4 <section class="rowthree box">
```

在对应位置调用清除浮动类样式，分别修改代码如下。

```
1 <div class="logo-search box clearfloat">
2 <section class="rowone box clearfloat">
3 <section class="rowtwo box clearfloat">
4 <section class="rowthree box clearfloat">
```

完成后在浏览器中运行网页，检查网页效果是否和原来一致。

（2）index.css 文件中多处定义了相同的背景颜色、边框、内外边距样式，如图 7-22 所示。

```
.rowone {
    background-color: #FFFFFF;
    border: 1px solid #EEE;
    padding: 20px;
    margin-bottom: 20px;
}
```

```
.rowtwo {
    background-color: #FFFFFF;
    border: 1px solid #EEE;
    padding: 20px;
    margin-bottom: 20px;
}
```

```
.rowthree {
    background-color: #FFFFFF;
    border: 1px solid #EEE;
    padding: 20px;
    margin-bottom: 20px;
}
```

图 7-22　多处定义了相同的背景颜色、边框、内外边距样式

该问题可以使用以下方案解决。

保留一个.rowone 选择器的样式定义，删除其他两个选择器定义的相同的样式，将.rowone 重新命名为.whitebox。代码如下所示。

```
1 .whitebox {
2  background-color: #FFFFFF;
3  border: 1px solid #EEE;
4  padding: 20px;
5  margin-bottom: 20px;
6 }
```

在 index.html 文件中找到如下原代码。

```
1 <section class="rowone box clearfloat">
2 <section class="rowtwo box clearfloat">
3 <section class="rowthree box clearfloat">
```

在对应位置修改调用的类名，分别修改代码如下。

```
1 <section class="whitebox box clearfloat">
2 <section class="whitebox box clearfloat">
3 <section class="whitebox box clearfloat">
```

完成后再次在浏览器中运行网页，检查网页效果是否和原来一致。由于本任务仅实现对首页的 CSS 代码的优化，网站仍然处于开发阶段，因此暂时不需要将代码全部合并为一行。

至此，首页的 CSS 代码优化完成。

单元小结

本单元分析了传统文化网站首页的制作思路及流程，分模块完成了传统文化网站首页的制作。通过对本单元的学习，读者能够综合应用 HTML5 和 CSS3 基础知识；对网页布局、浮动、定位等技术有更充分、更深入的理解；了解优化 CSS 代码的意义与基本方法，灵活地进行网页布局，实现网页效果。

思考练习

分析图 7-23 所示的网页效果，以及给出的 HTML 代码和 CSS 代码，在第（1）至（10）空中填入正确的代码。

图 7-23 鼠标指针悬停在第二个菜单上的效果图

```
1  <!DOCTYPE html>
2  <html>
3    <head>
4      <meta charset="utf-8">
5      <title></title>
6      <style>
7        * {
8          padding: 0;
9          margin: 0;
10       }
11       ul {list-style: none;}
12       .banner {
13         width: 730px;
14         height: 360px;
15         border: #999 1px solid;
16         (1):(2);                /*设置定位，此行中请填写第（1）和（2）空*/
17       }
18       .pic {
19         width: 730px;
20         height: 360px;
21         (3):(4);                /*隐藏多余图片，此行中请填写第（3）和（4）空*/
22       }
23       .picimg {
24         width: 730px;
25         height: 360px;
26       }
27       .tit {
28         (5):(6);                /*设置定位，此行中请填写第（5）和（6）空*/
29         top: 325px;
30         color: #FFF;
31         font-size: 12px;
32       }
```

```
33        .tit li {
34          float: left;
35          width: 145px;
36          height: 35px;
37          margin-left: 1px;
38          line-height: 34px;
39          text-align: center;
40          background-color: #000;
41          opacity: 0.5;
42        }
43        .tit li:hover {
44          opacity: (7) ;         /*设置透明度为不透明，此行中请填写第（7）空*/
45          (8) : (9) ;            /*设置鼠标指针为手形，此行中请填写第（8）和（9）空*/
46        }
47      </style>
48    < (10) >             <!--此行中请填写第（10）空-->
49    <body>
50      <div class="banner">
51        <ul class="pic">
52          <li>
53            <a href="#">
54              <img src="images/1.jpg" /></a>
55          </li>
56          <li>
57            <a href="#">
58              <img src="images/2.jpg" /></a>
59          </li>
60          <li>
61            <a href="#">
62              <img src="images/3.jpg" /></a>
63          </li>
64          <li>
65            <a href="#">
66              <img src="images/4.jpg" /></a>
67          </li>
68          <li>
69            <a href="#">
70              <img src="images/5.jpg" /></a>
71          </li>
72        </ul>
73        <ul class="tit">
74          <li>一图读懂《民法典》</li>
75          <li>普法宣传教育</li>
76          <li>金秋送福 积分献礼！</li>
77          <li>真有1套，国庆献礼！</li>
78          <li>党史学习教育</li>
79        </ul>
80      </div>
81    </body>
82  </html>
```

单元 8 项目实践——制作传统文化网站子页

相信读者通过对单元 7“制作传统文化网站首页”的学习，已经对完整的网页制作思路和流程有了相应的了解。本单元将详细介绍传统文化网站模板页、文章列表页和文章详情页的制作方法。

学习目标

★ 掌握网页模板的制作和使用方法。

★ 掌握完整网站制作的思路和流程。

★ 能够综合应用 HTML5、CSS3 完成静态网站开发。

一个完整的网站除了首页，通常还包含多个子页。为了保持网站风格的统一，一般在这些页面中设置很多相同的模块，如网页头部、导航栏、网页底部等。如果对每个页面都重新编写代码，效率就太低了。因此，可以将这些相同的版面结构制作成模板，以供其他页面引用。

传统文化网站子页很多，也可以使用模板来完成。分析网站效果，可以发现网站主要包含两种形式的子页。一种是显示某一类栏目文章的文章列表页，如图 8-1 所示；另一种是显示文章详细内容的文章详情页，如图 8-2 所示。本单元以传统文化网站中国学百家栏目的文章列表页和“学而第一”文章详情页为例，分 4 个任务来完成传统文化网站两种子页面的制作及优化。

图 8-1 文章列表页的效果

图 8-2　文章详情页的效果

小贴士

国学百家栏目的相关文章分享了国学知识，旨在警示人们了解国学，并将其发扬光大。广义国学是指中国历代的文化传承和学术记载，包括中国古代历史、哲学、地理、政治、经济，乃至书画、音乐、易学、术数、医学、星相、建筑等。狭义国学则是指中国古代学说，其代表是先秦诸子的思想及学说，包括儒家思想、道家思想、兵家思想、法家思想、墨家思想等。每一个中国人都应该了解或熟悉国学，根据国学所倡导的精神，“正心”“修身”“齐家”，成为品德高尚、行为规矩的人，对国家、社会和家庭都能起到积极、正面的作用。

任务1　创建传统文化网站子页模板

任务描述

观察传统文化网站子页的效果，分析网页中有哪些模块完全相同，将相同的网页模块制作成网页模板，以供其他网页复用。

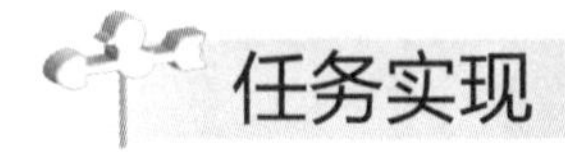

任务实现

根据任务描述，可以按以下步骤来完成任务。

1. 分析子页效果，搭建子页整体布局结构

从传统文化网站两种子页的效果图可以看出，子页分为网页头部、导航栏、网页主体内容和网页底部 4 个部分，网页主体内容又分成左边内容和侧边栏两个部分，整体框架如图 8-3 所示。子页的网页头部、导航栏、网页底部和首页的完全相同。因此可以将首页 index.html 文件复制一份，并重命名为 template.html。

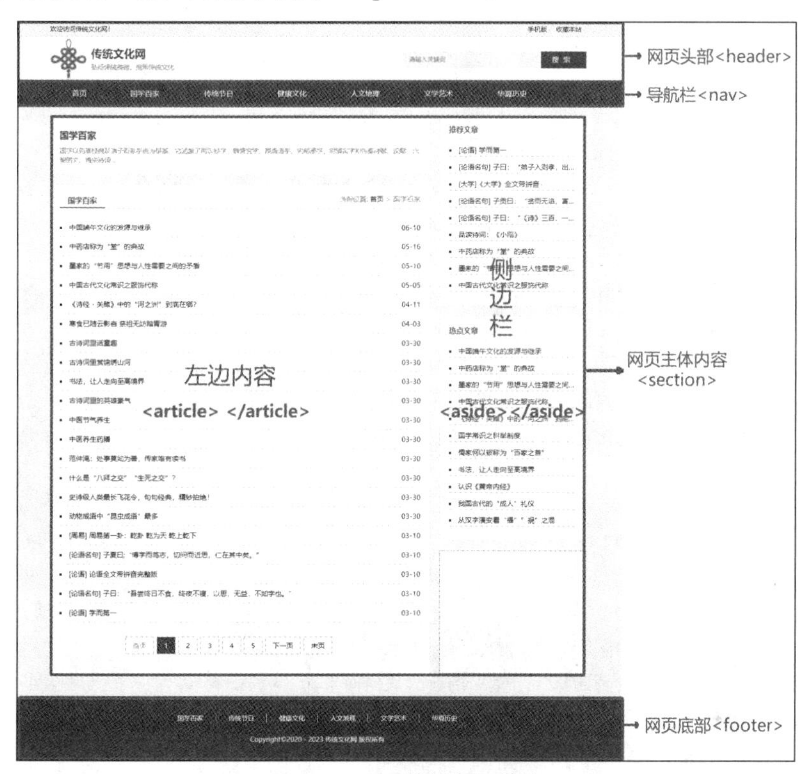

图 8-3 子页整体布局结构

打开 template.html 文件，删除<main>标签对及其中的所有内容，在<nav>标签对后面添加<section>标签对，并且在<section>标签对中划分两个区域，左边内容使用<article> </article>表示，侧边栏使用<aside> </aside>表示。由于子页的主体内容宽度固定并且居中显示，因此需要给最外层的 section 元素添加 box 类样式（首页通用样式表中已经定义 box 类样式为固定宽度并且居中显示）。网页主体内容的 HTML 代码如下所示。

```
1  <!--网页主体内容 -->
2  <section class="box">
3    <!--左边内容 -->
4    <article></article>
5    <!--侧边栏 -->
6    <aside></aside>
7  </section>
```

2. 搭建侧边栏的 HTML 结构

从传统文化网站子页的效果图可以看出两种子页的侧边栏完全相同，可以作为模板页的内容。侧边栏分成推荐文章、热点文章和广告位 3 个模块，可以分别使用 3 个 div 元素

划分区域。其中推荐文章和热点文章两个模块的样式完全相同，都可以使用“<div class="recommend"> </div>”来定义，内部包含标题和无序列表。广告位模块使用“<div class="ad"> </div>”来定义。在 template.html 文件中找到<aside>标签对，在其内部添加侧边栏部分的 HTML 代码。代码如下所示。

```
1  <!--侧边栏 -->
2  <aside>
3    <div class="recommend">
4      <h2>推荐文章</h2>
5      <ul>
6        <li><a href="#">[论语] 学而第一</a></li>
7        <li><a href="#">[论语名句] 子曰：“弟子入则孝，出则弟，谨而信，泛爱众，而亲仁”</a></li>
8        <li><a href="#">[大学] 《大学》全文带拼音</a></li>
9        <li><a href="#">[论语名句] 子贡曰：“贫而无谄，富而无骄，何如？”子曰：“可也。”</a></li>
10       <li><a href="#">[论语名句] 子曰：“《诗》三百，一言以蔽之，曰：‘思无邪’。”</a></li>
11       <li><a href="#">“品读诗句：《小雨》”</a></li>
12       <li><a href="#">中药店称为“堂”的典故</a></li>
13       <li><a href="#">墨家的“节用”思想与人性需要之间的矛盾</a></li>
14       <li><a href="#">中国古代文化常识之服饰代称</a></li>
15     </ul>
16   </div>
17   <div class="recommend">
18     <h2>热点文章</h2>
19     <ul>
20       <li><a href="#">中国端午文化的发源与继承</a></li>
21       <li><a href="#">中药店称为“堂”的典故从何而来</a></li>
22       <li><a href="#">墨家的“节用”思想与人性需要之间的矛盾</a></li>
23       <li><a href="#">中国古代文化常识之服饰代称</a></li>
24       <li><a href="#">《诗经· 关雎》中的“河之洲”到底在哪?></a></li>
25       <li><a href="#">国学常识之科举制度</a></li>
26       <li><a href="#">儒家何以被称为“百家之首”</a></li>
27       <li><a href="#">书法，让人走向至高境界</a></li>
28       <li><a href="#">认识《黄帝内经》</a></li>
29       <li><a href="#">我国古代的“成人”礼仪</a></li>
30       <li><a href="#">从汉字演变看“福”“祸”之混</a></li>
31     </ul>
32   </div>
33   <div class="ad">广告位</div>
34 </aside>
```

保存所有代码，在浏览器中运行 template.html 网页。效果如图 8-4 所示。

3. 编写子页的通用样式代码

template.html 文件是复制的首页文件，其内部已经链接了 style.css 和 index.css 两个样式文件。代码如下所示。

```
1 <link rel="stylesheet" type="text/css" href="css/style.css" />
2 <link rel="stylesheet" type="text/css" href="css/index.css" />
```

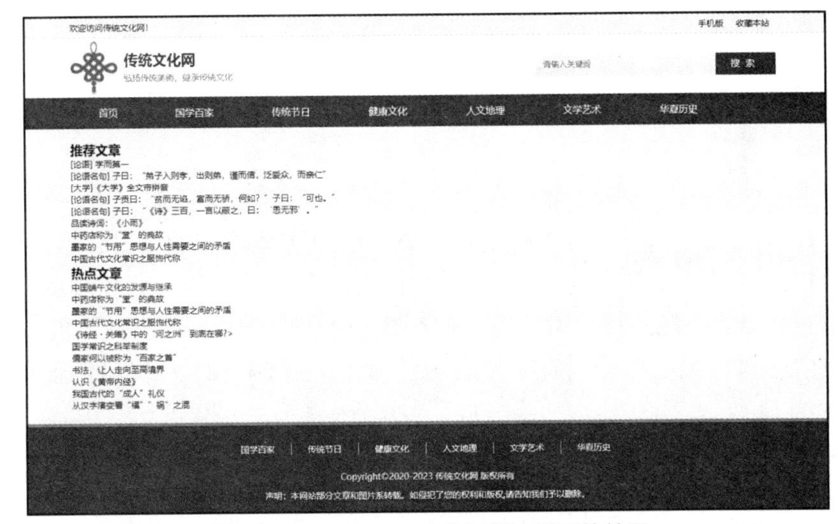

图 8-4　template.html 添加侧边栏后的效果

删除第 2 行链接 index.css 文件的代码，因为其中只存放了首页上相应元素的样式，这些样式对子页没有用。而 style.css 文件中定义了网页的通用样式及网页头部、导航栏、网页底部等网站公用部分的样式，需要保留，并且要将子页的通用样式写到 style.css 文件中。在 HBuilderX 左侧项目管理器中打开 style.css 文件，在其中添加侧边栏的样式代码。代码如下所示。

```
1  section {font-size: 15px;}
2  /* 侧边栏的样式 */
3  aside {
4    width: 320px;
5    float: right;
6  }
7  .recommend h2 {
8    font-size: 16px;
9    border-bottom: 1px solid #EEE;
10   color: #484848;
11   margin-bottom: 10px;
12   padding-bottom: 10px;
13 }
14 .recommend li {
15   list-style: square inside;
16   border-bottom: #D8D8D8 dotted 1px;
17   height: 25px;
18   line-height: 25px;
19   margin-bottom: 10px;
20   text-overflow: ellipsis;
21   white-space: nowrap;
22   overflow: hidden;
23 }
24 .ad {
25   margin: 20px 0;
```

```
26    background: #FFF;
27    text-align: center;
28    border: #EB3D41 1px dashed;
29    height: 260px;
30    line-height: 260px;
31  }
```

上面的 CSS 代码中，第 1 行代码设置了整个子页主体内容的字号；第 3 ~ 6 行代码设置了侧边栏向右浮动及其宽度；第 7 ~ 13 行代码设置了推荐文章和热点文章两个模块的标题样式；第 14 ~ 23 行代码设置了两个模块的列表样式，其中第 20 ~ 22 行代码设置了列表内容超出宽度部分用省略号表示的效果；第 24 ~ 31 行代码设置了广告位模块的样式。

由于侧边栏模块设置了浮动，因此需要在其父元素中清除浮动影响。打开 template.html 文件找到如下代码。

```
<section class="box">
```

在其中添加清除浮动类样式（style.css 文件中已经定义 clearfloat 类样式用于清除浮动）。修改后的代码如下所示。

```
<section class="box clearfloat">
```

另外，推荐文章和热点文章两个模块的背景颜色、边框、内边距、底部外边距和 index.css 文件中 whitebox 类样式中设置的完全一致，因此可以调用 whitebox 类样式。将 index.css 文件中的 whitebox 类样式剪切到 style.css 文件中，供首页和子页一起调用。再在 template.html 文件中找到如下代码。

```
1  <div class="recommend">
2    <h2>推荐文章</h2>
3  <!--此处省略部分代码  -->
4  <div class="recommend">
5    <h2>热点文章</h2>
```

在其中添加 whitebox 类样式。修改后的代码如下所示。

```
1  <div class="recommend whitebox">
2    <h2>推荐文章</h2>
3  <!--此处省略部分代码  -->
4  <div class="recommend whitebox">
5    <h2>热点文章</h2>
```

代码在浏览器中的运行效果如图 8-5 所示。

4. 定义网页模板

子页中相同的版面结构全部搭建好后，就可以将包含该结构的 template.html 文件定义成模板。在 HBuilderX 左侧项目管理器中的 template.html 文件上单击鼠标右键，在弹出的快捷菜单中选择“复制”。然后在菜单栏中单击“新建”→“html 文件”，弹出“新建 html 文件”对话框，单击对话框右上角“自定义模板”，如图 8-6 所示。这时会自动跳转到模板存储路径，在 readme.txt 同级目录下按 Ctrl+V 组合键，template.html 文件将存入模板文件夹。此时返回 HBuilderX 界面，在“新建 html 文件”对话框的“选择模板”中，会出现“template”模板，如图 8-7 所示。

图 8-5　侧边栏添加样式后的效果

图 8-6　创建自定义模板

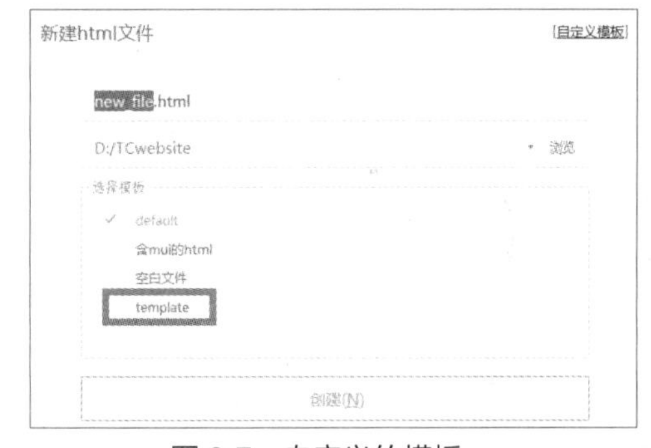

图 8-7　自定义的模板

至此，任务 1 的工作全部完成，接下来可以基于 template 模板制作文章列表页和文章详情页。

任务2　制作文章列表页

任务描述

文章列表页是传统文化网站的子页。通过传统文化网站导航栏或者栏目标题中的“更多内容”超链接，都可以进入某个栏目的文章列表页。本任务要求基于模板页制作国学百家栏目的文章列表页。国学百家栏目的文章列表页主要展示了国学百家的相关文章标题列表，网页效果如图 8-1 所示。

任务实现

根据任务描述，可以按以下步骤来完成任务。

1. 创建文章列表页

在 HBuilderX 左侧项目管理器中的 TCwebsite 项目上单击鼠标右键，在弹出的快捷菜单中选择“新建”→“html 文件”，此时会弹出“新建 html 文件”对话框，在对话框中给 HTML 文件命名为 articlelist.html，在“选择模板”中选择“template”，如图 8-8 所示，单击“创建”按钮。此时 articlelist.html 文章列表页创建完成，该网页目前与前面制作的 template.html 完全相同，效果如图 8-5 所示。

2. 搭建文章列表页的 HTML 结构

articlelist.html 文件创建完成后，只需要在其中补充除公共结构外的左边内容部分即可。观察网页效果图，可以看出文章列表页左边内容分为上、下两块区域：上面是栏目总体介绍；下面是列表内容，包含栏目标题、文章列表和分页链接，结构如图 8-9 所示。

图 8-8　基于 template 模板创建 articlelist.html 文件

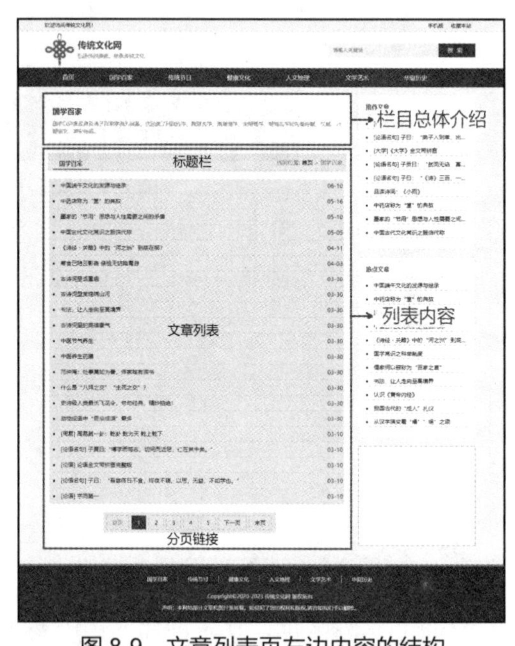

图 8-9　文章列表页左边内容的结构

打开 articlelist.html 文件，找到主体内容中的左边内容对应的<article>标签对，在其内部编写左边内容的 HTML 结构。代码如下所示。

```
1 <article>
2   <div class="summary whitebox">
3     <h2>国学百家</h2>
4     <p>国学以先秦经典及诸子百家学说为根基，它涵盖了两汉经学、魏晋玄学、隋唐道学、宋明理学、明清实学和先秦诗赋、汉赋、六朝骈文、唐宋诗词...</p>
5   </div>
6   <div class="read-list whitebox">
7     <div class="title">
```

```
8        <h2>国学百家</h2>
9        <span> 当前位置 : <a href="index.html">首页</a> &gt; 国学百家</span>
10     </div>
11     <ul class="content">
12       <li><a href="#">中国端午文化的发源与继承</a><span>06-10</span></li>
13       <!-- 此处省略部分列表项 -->
14       <li><a href="articledetail.html">[论语] 学而第一<span>03-10</span></li>
15     </ul>
16     <ul class="page">
17       <li>首页</li>
18       <li class="thisclass">1</li>
19       <li><a href="#">2</a></li>
20       <li><a href="#">3</a></li>
21       <li><a href="#">4</a></li>
22       <li><a href="#">5</a></li>
23       <li><a href="#">下一页</a></li>
24       <li><a href="#">末页</a></li>
25     </ul>
26   </div>
27 </article>
```

上面的 HTML 代码中，第 2 ~ 5 行代码对应栏目总体介绍模块，其中第 2 行代码调用了 whitebox 类样式（在 style.css 文件中已经定义过），使该模块和其他白色模块风格一致；第 6 ~ 26 行代码是列表内容模块，该模块中第 6 行代码也调用了 whitebox 类样式，第 7 ~ 10 行代码对应栏目标题，第 11 ~ 15 行代码使用无序列表定义了具体的文章列表，第 16 ~ 25 行代码使用无序列表定义了分页链接。

3. 编写控制文章列表页样式的 CSS 代码

接下来编写 CSS 代码控制文章列表页的样式。在 HBuilderX 左侧项目管理器中的 css 文件夹上单击鼠标右键，新建 CSS 文件，命名为 articlelist.css。用这个文件专门存放文章列表页左边内容的样式代码。打开 articlelist.html 文件，在</head>标签前面添加如下代码，链接新创建的样式文件。

```
<link rel="stylesheet" type="text/css" href="css/articlelist.css"/>
```

再切换到 articlelist.css 文件添加样式代码。代码如下所示。

```
1  /* 文章列表页的样式 */
2  article {
3    width: 830px;
4    float: left;
5  }
6  .summary h2 {
7    font-size: 20px;
8    color: #B40404;
9    margin: 10px 0;
10 }
11 .summary p {
12   color: #818181;
```

```
13    line-height: 20px;
14    font-size: 14px;
15 }
16 .title {
17    height: 30px;
18    border-bottom: #DDDDDD solid 1px;
19    margin-bottom: 20px;
20 }
21 .title h2 {
22    width: 100px;
23    line-height: 30px;
24    float: left;
25    text-align: center;
26    color: #B40404;
27    font-size: 16px;
28    font-weight: 600;
29    border-bottom: #B40404 solid 2px;
30 }
31 .title span {
32    float: right;
33    color: #818181;
34 }
35 .content li {
36    line-height: 40px;
37    list-style: square inside;
38    border-bottom: #D8D8D8 dotted 1px;
39 }
40 .content li span {  float: right;}
41 .page {
42    width: 500px;
43    margin: 30px auto;
44 }
45 .page li {
46    display: inline-block;
47    border: 1px solid #CCC;
48    padding: 6px 15px;
49    margin: 0 1px;
50    line-height: 24px;
51    background: #FFF;
52    color: #999;
53 }
54 li.thisclass {
55    background-color: #B40404;
56    color: #FFFFFF;
57 }
```

上面的 CSS 代码中，第 2 ~ 5 行代码设置了文章列表页整个左边区域向左浮动及其宽度；第 6～10 行代码设置了栏目总体介绍模块标题的样式；第 11～15 行代码设置了栏目总体介绍模块段落的样式；第 16～20 行代码设置了标题栏高度、底部边框样式和底部边距；第 21～30 行代码设置了标题栏中标题的样式，包括宽度、行高、向左浮动、字号、底部边框等；第 31～34 行代码设置了标题栏中“当前位置”区域的样式；第 35～39 行代码设置了文章列表中文章标题的样式；第 40 行代码设置了文章列表中日期向右浮动；第 41～57 行代码设置了分页链接的样式。

代码在浏览器中的运行效果如图 8-1 所示。至此，文章列表页制作完成。

任务3 制作文章详情页

扫码观看视频

任务描述

文章详情页也是传统文化网站的子页。通过传统文化网站首页或子页中文章的标题链接可以链接到相应标题对应的文章详细内容页面。本任务要求基于模板页制作“学而第一”文章详情页，网页效果如图 8-2 所示。

任务实现

根据任务描述，可以按以下步骤来完成任务。

1. 创建文章详情页

在 HBuilderX 左侧项目管理器中的 TCwebsite 项目上单击鼠标右键，在弹出的快捷菜单中选择“新建”→“html 文件”，此时会弹出“新建 html 文件”对话框。在对话框中给 HTML 文件命名为 articledetail.html，在“选择模板”中选择“template”，单击“创建”按钮。此时 articledetail.html 文章详情页创建完成。

2. 搭建文章详情页的 HTML 结构

articledetail.html 创建完成后，也只需要在其中补充除公共结构外的左边内容部分即可。观察网页效果图，可以看出文章详情页左边内容部分又分为栏目标题、文章内容、版权声明和前后页超链接 4 个部分，结构如图 8-10 所示。

图 8-10 文章详情页左边内容的结构

打开 articledetail.html 文件，找到主体内容中的左边内容对应的<article>标签对，在其内部编写左边内容的 HTML 结构。代码如下所示。

```
1  <article>
2    <div class="title">
3      <h2>国学百家</h2>
4      <span> 当前位置 : <a href="index.html">首页</a> > 国学百家</span>
5    </div>
6    <div class="read-content">
7      <h3>学而第一</h3>
8      <p><span>学而第一原文:</span></p>
9      <p>子曰：“学而时习之，不亦说乎？有朋自远方来，不亦乐乎？人不知而不愠，不亦君子乎？”</p>
10           <!-- 此处省略部分段落文本 -->
11     <p>子曰：“不患人之不己知，患不知人也。”</p>
12     <p><span>翻译:</span></p>
13     <p>孔子说：“学了又时常温习和练习，不是很愉快吗？有志同道合的人从远方来，不是很令人高兴的吗？人家不了解我，我也不怨恨、恼怒，不也是一个有德的君子吗？”</p>
14           <!-- 此处省略部分段落文本 -->
15     <p>孔子说：“不怕别人不了解自己，只怕自己不了解别人。”</p>
16   </div>
17   <div class="share">
18     <p><span>声明：</span>国学百家内容来源于互联网，我们只为传播国学经典*弘扬传统文化，贵在分享，不代表本站赞同其观点，不对内容真实性负责。本站不拥有所有权，版权归原作者及原出处所有。如本文内容影响到您的合法权益 （含文章中的内容、图片等），请与我们联系，我们将及时处理。联系邮箱：21592603@qq.com。
19     </p>
20   </div>
21   <div class="info-pre-next">
22     <ul>
23       <li>上一篇：<a href="#">墨家的“节用”思想与人性需要之间的矛盾</a> </li>
24       <li>下一篇：<a href="#">子曰：“吾尝终日不食，终夜不寝，以思，无益，不如学也。”</a> </li>
25     </ul>
26   </div>
27 </article>
```

上面的 HTML 代码中，第 2 ~ 5 行代码定义的是栏目标题；第 6 ~ 16 行代码是文章内容，其中包含了文章标题和段落文本；第 17 ~ 20 行代码是版权声明；第 21 ~ 26 行代码使用无序列表定义了上一篇和下一篇文章的超链接。

3. 编写控制文章详情页样式的 CSS 代码

在 HBuilderX 左侧项目管理器中的 css 文件夹上单击鼠标右键，新建 CSS 文件，命名为 articledetail.css。用这个文件专门存放文章详情页左边内容的样式代码。打开 articledetail.html 文件，在</head>标签前面添加如下代码，链接新创建的样式文件。

```
<link rel="stylesheet" type="text/css" href="css/articledetail.css"/>
```

再切换到 articledetail.css 文件添加样式代码。代码如下所示。

```
1  /* 文章详情页的样式 */
2  article {
3    width: 790px;
4    float: left;
5    background-color: #FFFFFF;
```

```
6   border: 1px solid #EEE;
7   padding: 20px;
8   margin-bottom: 20px;
9 }
10 .title {
11   height: 30px;
12   border-bottom: #DDDDDD solid 1px;
13   margin-bottom: 20px;
14 }
15 .title h2 {
16   width: 100px;
17   line-height: 30px;
18   float: left;
19   text-align: center;
20   color: #B40404;
21   font-size: 16px;
22   font-weight: 600;
23   border-bottom: #B40404 solid 2px;
24 }
25 .title span {
26   float: right;
27   color: #818181;
28 }
29 .read-content h3 {text-align: center;}
30 .read-content p {line-height: 24px;}
31 .read-content span {
32   font-weight: bold;
33   line-height: 30px;
34 }
35 .share {
36   padding: 10px 20px;
37   margin: 20px auto;
38   line-height: 24px;
39   background: #F1F1F1;
40 }
41 .share span {font-weight: bold;}
42 .info-pre-next ul li {
43   float: left;
44   margin-right: 40px;
45   white-space: nowrap;          /*强制不换行*/
46   width: 40%;
47   overflow: hidden;
48   text-overflow: ellipsis;      /*隐藏的部分显示为省略号*/
49 }
```

上面的CSS代码中，第2～9行代码设置了文章详情页整个左边区域的样式，如宽度、向左浮动、背景颜色、边框、内边距和底部外边距；第10～28行代码设置了标题栏的样式，这部分样式和文章列表页中的标题栏样式相同；第29行代码设置了文章标题居中显示；第

30 ~ 34 行代码设置了文章内容的样式；第 35 ~ 41 行代码设置了版权声明内容的样式；第 42-49 行代码设置了上一篇文章和下一篇文章的超链接的样式，其中第 45 ~ 48 行代码设置文本只显示一行，超出宽度部分用省略号表示。

代码在浏览器中的运行效果如图 8-2 所示。至此，整个传统文化网站的首页、文章列表页和文章详情页全部制作完成。最后在 3 个页面间设置好超链接，使各个页面之间可以正常切换。

任务4 对网站的 CSS 代码进行优化

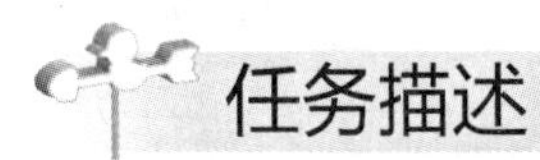

任务描述

完成子页制作后，需要检查样式代码中是否存在一些重复的或者不够简洁的代码。本任务要求分析并对比网站所有的 CSS 文件，找出样式定义相似的或者不够简洁的代码，并对其进行优化，以提高代码可维护性和运行效率。

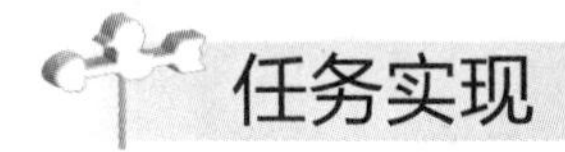

任务实现

根据任务描述和优化 CSS 代码的基本方法，分析传统文化网站的样式代码，可以从以下两个方面进行优化。

1．提取共用样式属性共用 CSS 选择器

观察传统文化网站所有的 CSS 文件，不难看出有几处类似的样式。

（1）style.css 文件中的.whitebox 样式和 articledetail.css 文件中的 article 样式非常类似，如图 8-11 所示。

```
.whitebox {
    background-color: #FFFFFF;
    border: 1px solid #EEE;
    padding: 20px;
    margin-bottom: 20px;
}
```

（a）

```
article {
    width: 790px;
    float: left;
    background-color: #FFFFFF;
    border: 1px solid #EEE;
    padding: 20px;
    margin-bottom: 20px;
}
```

（b）

图 8-11 .whitebox 样式和 article 样式的代码

该问题可以使用以下方案解决。

修改 articledetail.css 文件中 article 样式的代码如下。

```
article { width: 790px; float: left; }
```

在 articledetail.html 文件中找到<article>标签，在<article>标签内调用 whitebox 类样式。代码如下所示。

```
<article class="whitebox">
```

完成后在浏览器中运行 articledetail.html 文件，检查网页效果是否和原来一致。

（2）articlelist.css 文件和 articledetail.css 文件中标题的样式完全相同，样式代码如下所示。

```
1  .title {
2    height: 30px;
3    border-bottom: #DDDDDD solid 1px;
4    margin-bottom: 20px;
5  }
6  .title h2 {
7    width: 100px;
8    line-height: 30px;
9    float: left;
10   text-align: center;
11   color: #B40404;
12   font-size: 16px;
13   font-weight: 600;
14   border-bottom: #B40404 solid 2px;
15 }
16 .title span {
17   float: right;
18   color: #818181;
19 }
```

该问题可以使用以下方案解决。

将上面的代码复制到 style.css 文件中，并且将 articlelist.css 文件和 articledetail.css 文件中的这部分样式代码删除。完成后在浏览器中运行两个子页，检查网页效果是否和原来一致。

2. 删除空白和换行

为了减少 CSS 代码占用的网页字节，在确定所有样式都不需要修改的情况下，在 HBuilderX 中按 Ctrl+A 组合键选择所有的 CSS 代码，在 HBuilderX 菜单栏中单击“编辑”→“合并为一行”或者按 Ctrl+Shift+K 组合键，即可删除 CSS 代码中所有的空白，将 CSS 代码合并成一行，如图 8-12 所示。如果需要再次修改样式，可以在菜单栏中单击“编辑”→“重排代码格式”或者按 Ctrl+K 组合键，即可恢复有条理的排版。

```
style.css
1 * {padding: 0;margin: 0;}body {font: 14px "微软雅黑";background: #F6F6F6;}ul {list-style: none;}a {text-decoration: none;color: #000000;}a:hover {color: #B40404;}/* 头部样式 */header {background-color: #FFFFFF;}.top {height: 30px;line-height: 30px;background-color: #F3F3F3;border-bottom: 1px solid #DFDFDF;}.box {width: 1170px;margin: auto;}.clearfloat::after {display: block;content: "";clear: both;}.welcome {float: left;}.topnav {float: right;}.topnav li {float: left;}.topnav li a {display: block;color: #000000;padding: 0 10px;}.logo-search {padding: 5px 0;}.logo {float: left;width: 500px;}.logo img {width: 80px;float: left;margin-right: 10px;}.logo h2 {font-size: 24px;color: #B40404;margin-top: 15px;}.logo p {margin-top: 4px;color: #818181;}.search {float: right;margin-top: 26px;}.search input.input_text {border: 0;line-height: 36px;height: 36px;width: 300px;background: #F3F3F3;float: left;text-indent: 1em;}.search input.input_submit {border: 0;background-color: #B40404;color: #FFFFFF;line-height: 36px;font-size: 15px;width: 100px;cursor: pointer;letter-spacing: 10px;}/* 导航样式 */nav {width: 100%;height: 50px;background-color: #B40404;margin-bottom: 20px;}nav ul {width: 1170px;margin: 0 auto;}nav li {float: left;}nav li a {display: block;line-height: 50px;color: #FFFFFF;font-size: 16px;font-weight: 500;padding: 0 48px;}nav li a:hover {background-color: #FF6600;color: #FFFFFF;}section {font-size: 15px;}aside {width: 320px;float: right;}.recommend h2 {font-size: 16px;border-bottom: 1px solid #EEE;color: #484848;margin-bottom: 10px;padding-bottom: 10px;}.recommend li {list-style: square inside;border-bottom: 1px solid #D8D8D8;height: 25px;line-height: 25px;margin-bottom: 10px;text-overflow: ellipsis;white-space: nowrap;overflow: hidden;}.ad {margin: 20px 0;background-color: #FFF;text-align: center;border: #EB3D41 1px dashed;height: 260px;line-height: 260px;}.whitebox {background-color: #FFFFFF;border: 1px solid #EEE;padding: 20px;margin-bottom: 20px;}.title {height: 30px;border-bottom: #DDDDDD solid 1px;margin-bottom: 20px;}.title h2 {width: 100px;line-height: 28px;float: left;text-align: center;color: #B40404;font-size: 16px;font-weight: 600;border-bottom: #B40404 solid 2px;}.title span {float: right;color: #818181;}/* 底部样式 */footer {padding-top: 30px;margin-top: 20px;background-color: #333;border-top: solid 5px #FF6600;}footer ul {width: 665px;height: 40px;margin: auto;}footer ul li {width: 110px;float: left;text-align: center;border-right: 1px solid #D8D8D8;}footer li:last-child {border-right: none;}footer ul li a {color: #FFF;}.copyright {text-align: center;line-height: 30px;color: #FFF;padding-bottom: 30px;}
```

图 8-12 合并成一行的 CSS 样式代码

单元小结

本单元分析了传统文化网站文章列表页和文章详情页的制作思路及流程，并且使用模板完成了这两种子页的制作，最后对网页的 CSS 代码进行了优化。通过对本单元的学习，读者能够利用模板快速创建网页，能够综合应用 HTML5、CSS3 制作出完整的静态网站。

思考练习

一、单选题

1. 网页模板会自动保存在（　　）文件夹中。

　A. Library　　B. Custom　　C. Assets　　D. Templates

2. HBuilderX 中可以通过（　　）组合键整理代码格式。

　A. Ctrl+A　　B. Ctrl+K　　C. Ctrl+Shift+K　　D. Ctrl+L

3. 在 CSS 语言中，“列表样式图像”的语法是（　　）。

　A. width: <值>　　B. height: <值>

　C. white-space: <值>　　D. list-style-image: <值>

二、程序填空题

分析图 8-13 和图 8-14 所示的网页效果，以及给出的 HTML 代码和 CSS 代码，在第（1）至（10）空中填入正确的代码。

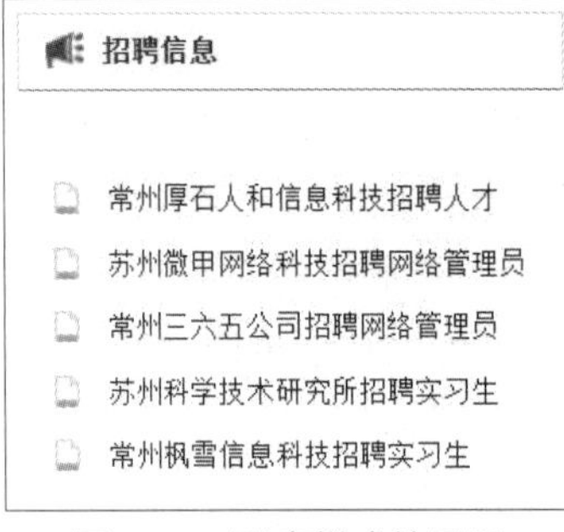

图 8-13　列表样式效果图

图 8-14　鼠标指针悬停在列表超链接上的效果图

HTML 代码如下所示。

```
1  <!DOCTYPE html>
2  <html>
3    <head>
4      <meta charset="utf-8">
5      <title>新闻列表</title>
6      <!--分析网页效果，填入适当的标签名，下一行请填写第（1）空-->
7      <(1) rel="stylesheet" href="css/style05.css" type="text/css" />
8    </head>
9    <body>
10     <div class="all">
11       <h2 class="head">招聘信息</h2>
```

```
12        <(2) class="content">         <!-- 此行中请填写第（2）空 -->
13          <li><a href="#">常州厚石人和信息科技招聘人才</a></li>
14          <li><a href="#">苏州微甲网络科技招聘网络管理员</a></li>
15          <li><a href="#">常州三六五公司招聘网络管理员</a></li>
16          <li><a href="#">苏州科学技术研究所招聘实习生</a></li>
17          <li><a href="#">常州枫雪信息科技招聘实习生</a></li>
18          <(3)>                       <!-- 此行中请填写第（3）空 -->
19      </div>
20    </body>
21  </html>
```

style05.css 文件中的代码如下所示。

```
1  body {
2    font-size: 12px;
3    font-family: "宋体";
4    color: #222;
5  }
6  .all {
7    width: 233px;
8    height: 200px;
9    margin: 20px auto;
10 }
11 .head {
12   font-size: 12px;
13   height: 30px;
14   line-height: 30px;
15   border: 1px solid #D6D6D6;
16   (4): 1px solid #808080;  /*单独定义下边框，此行中请填写第（4）空*/
17   background: url(../images/title_bg.png) no-repeat 11px 7px;
18   padding-left: 34px;
19 }
20 .content {padding: 25px 0 0 15px;}
21 .content li {
22   (5):(6);               /*定义列表无列表项标记，此行中请填写第（5）和（6）空*/
23   height: 26px;
24   (7):(8);               /*定义列表背景图，此行中请填写第（7）和（8）空*/
25   padding-left: 22px;
26 }
27 (9) {                    /*超链接未被单击和单击后的样式，此行中请填写第（9）空*/
28   color: #222;
29   text-decoration: none;
30 }
31 .content li (10) {       /*鼠标指针悬停在列表项超链接上面时的样式，此行中请填写第（10）空*/
32   color: #FD4913;
33 }
```

附录

一、HTML5 常用标签

1. HTML 文档结构标签

标签	标签描述
<html>	定义 HTML 文档
<head>	用于定义文档的头部，它是所有头部元素的容器
<title>	定义文档的标题
<meta />	定义页面的描述、关键词、文档的作者、最后修改时间及其他元数据
<base />	用于为页面上所有的链接设置默认 URL 或目标
<link />	定义文档与外部资源的关系，最常见的用途是链接样式表
<script>	用于定义客户端脚本
<style>	用于为 HTML 文档定义样式信息
<body>	定义 HTML 文档的主体

2. 布局标签

标签	标签描述
<div>	定义文档中的块级区域
<span>	定义文档中的行内区域
<header>	定义页面或区段的头部
<nav>	定义页面的导航区域
<main>	定义文档的主体内容
<section>	定义文档中的一个内容区块
<article>	定义文档中独立的内容区块
<aside>	定义页面主体内容之外的内容（如侧边栏）
<footer>	定义文档的底部区域

3. 文本控制标签

标签	标签描述
<p>	描述一段文字
<h1> ~ <h6>	描述一级到六级标题
 	插入一个简单的换行符，起到文字换行的作用
<em>	用于强调某些文字
<strong>	用于强调文本，但它强调的程度比<em>标签更强一些

续表

标签	标签描述
<sub>	定义下标
<sup>	定义上标
<blockquote>	定义长的文本引用
<q>	定义简短文字的引用
<pre>	定义预格式文本

4. 多媒体标签

标签	标签描述
<a>	定义一个单击后可以跳转的超链接
<img />	定义页面中的图像
<video>	定义视频，例如电影片段或其他视频流
<audio>	定义声音，例如音乐或其他音频流

5. 列表标签

标签	标签描述
<ul>	定义无序列表
<li>	定义列表中的列表项
<ol>	定义有序列表
<dl>	定义自定义列表
<dt>	定义自定义列表中的项目
<dd>	定义描述列表中的项目

6. 表格标签

标签	标签描述
<table>	定义表格
<td>	定义表格中的单元格
<th>	定义表格中的表头单元格
<tr>	定义表格中的行
<caption>	定义表格的标题
<thead>	定义表格的表头
<tbody>	定义表格中的主体内容
<tfoot >	定义表格中的表注内容（脚注）

7. 表单标签

标签	标签描述
<form>	用于创建供用户输入数据的表单
<input />	在<form>标签中使用，用来声明允许用户输入数据的控件

续表

标签	标签描述
<button>	定义一个按钮
<select>	用来创建下拉列表
<option>	定义下拉列表中的一个选项（条目）
<textarea>	定义多行的文本输入控件

二、CSS3 常用选择器

选择器	示例	示例描述
*	*	选择所有元素
element	p	选择所有 p 元素
.class	.intro	选择 class="intro"的所有元素
#id	#firstname	选择 id="firstname"的元素
element.class	p.intro	选择 class="intro"的所有 p 元素
element,element	div, p	选择所有 div 元素和所有 p 元素
element element	div p	选择 div 元素内的所有 p 元素
element>element	div > p	选择 div 元素的所有直接子元素（p 元素）
element+element	div + p	选择紧跟 div 元素的首个 p 元素
element1~element2	p ~ ul	选择前面有 p 元素的每个 ul 元素
[attribute]	a[target]	选择带有 target 属性的所有 a 元素
[attribute=value]	a[target=_blank]	选择带有 target="_blank"属性的所有 a 元素
:link	a:link	用于设置超链接未被访问时的样式
:visited	a:visited	用于设置超链接已经被访问过的样式
:hover	a:hover	用于设置鼠标指针悬停在超链接上时的样式
:active	a:active	选择活动链接
:focus	input:focus	选择获得焦点的 input 元素
:checked	input:checked	选择每个被选中的 input 元素
:first-child	p:first-child	选择属于其父元素的第一个子元素的每个 p 元素
:last-child	p:last-child	选择属于其父元素的最后一个子元素的每个 p 元素
:nth-child(n)	p:nth-child(2)	选择属于其父元素的第二个子元素的每个 p 元素
:nth-last-child(n)	p:nth-last-child(2)	同上，从最后一个子元素开始计数
:only-child	p:only-child	选择属于其父元素的唯一子元素的每个 p 元素
::first-letter	p::first-letter	选择每个 p 元素的首字母
::first-line	p::first-line	选择每个 p 元素的首行
::after	p::after	在每个 p 元素的内容之后插入内容
::before	p::before	在每个 p 元素的内容之前插入内容

三、CSS3 常用样式属性

1. 基本样式

属性	属性描述
width	定义元素的宽度
height	定义元素的高度
cursor	定义鼠标指针的样式
opacity	定义元素的透明度
visibility	定义元素的可见性
overflow	设置当对象的内容超过其指定高度及宽度时的显示方式

2. 文字样式

属性	属性描述
color	定义文字颜色
font-style	定义字体样式
font-variant	定义字体的异体
font-weight	定义字体的粗细
font-size	定义字体的尺寸
font-family	定义字体系列
font	font-style、font-variant、font-weight、font-size/line-height 及 font-family 的简写属性
text-align	设置文本的水平对齐方式
text-decoration	设置或删除文本的装饰线
text-transform	指定文本中的大写和小写字母
text-indent	指定文本段落的首行缩进
line-height	设置行与行之间的距离（也就是行高）
letter-spacing	设置字母之间的距离
word-spacing	设置单词之间的距离
word-wrap	设置自动换行

3. 背景样式

属性	属性描述
background-color	设置网页元素的背景颜色
background-image	将图像设置为网页元素的背景
background-position	设置背景图像的起始位置
background-repeat	设置背景图像是否重复显示
background-attachment	设置背景图像是固定还是随着页面的其余部分滚动
background	是 background-color、background-image、background-repeat、background-attachment、background-position 的简写属性。这些背景样式属性可以在一条语句中设置

4. 列表样式

属性	属性描述
list-style-type	指定列表项标记的类型
list-style-image	将图像指定为列表项标记
list-style-position	指定列表项标记的位置
list-style	是简写属性，用于在一条语句中设置所有列表属性

5. 表格样式

属性	属性描述
border-collapse	设置是否将表格的边框合并为单一的边框

6. 盒子模型样式

属性	属性描述
display	定义元素的显示方式
border	定义元素的边框
border-top	定义元素的上边框
border-right	定义元素的右边框
border-left	定义元素的左边框
border-bottom	定义元素的下边框
border-radius	设置圆角边框
margin	定义元素的外边距
margin-top	定义元素的上外边距
margin-right	定义元素的右外边距
margin-left	定义元素的左外边距
margin-bottom	定义元素的下外边距
padding	定义元素的内边距
padding-top	定义元素的上内边距
padding-right	定义元素的右内边距
padding-left	定义元素的左内边距
padding-bottom	定义元素的下内边距

7. 布局样式

属性	属性描述
float	定义元素的浮动方向
clear	规定元素的哪一侧不允许有其他浮动元素
position	设置元素的定位类型
z-index	设置元素的堆叠顺序。堆叠顺序较高的元素总是会处于堆叠顺序较低的元素的前面
top	定义定位元素上外边距边界与其包含块上边界之间的偏移距离
left	定义定位元素左外边距边界与其包含块左边界之间的偏移距离
right	定义定位元素右外边距边界与其包含块右边界之间的偏移距离
bottom	定义定位元素下外边距边界与其包含块下边界之间的偏移距离

参 考 文 献

[1] 莫振杰. Web 前端开发精品课 HTML CSS JavaScript 基础教程[M]. 北京：人民邮电出版社，2017.

[2] 黑马程序员. HTML5+CSS3 网页设计与制作[M]. 北京：人民邮电出版社，2020.

[3] 李志云，董文华. Web 前端开发案例教程（HTML5+CSS3）[M]. 北京：人民邮电出版社，2019.

[4] 传智播客高教产品研发部. 网页设计与制作（HTML+CSS）[M]. 北京：中国铁道出版社，2014.